Vincenzo Verde

Teoria della Relatività

Edizione
Maggio 2019

Impaginazione
Vincenzo Verde

SOMMARIO

Relatività Galileiana

1. Prefazione   pag.5
2. Osservatori Inerziali e Principio d'Inerzia   pag.9
3. Principio di Relatività Galileiana   pag.11
4. Osservatori in Moto Traslatorio Accelerato Rispetto
5. Ad Osservatori Inerziali   pag.16
6. Osservatori in Moto Rotatorio Uniforme Rispetto
7. ad Osservatori Inerziali   pag.18
8. Osservatori Terrestri   pag.23

Relatività Ristretta

9. Postulato di Costanza della Velocità della Luce   pag.31
10. Principio di Relatività   pag.35
11. Trasformazioni di Lorentz   pag.38
12. Dilatazione dei Tempi e Contrazione delle Lunghezze   pag.43
13. Lo Spazio-Tempo di Minkowski   pag.52
14. Il Paradosso dei Gemelli   pag.61
15. Dinamica Relativistica   pag.68

Relatività Generale

16. Il Principio di Equivalenza   pag.75
17. Spazio Euclideo e Sistemi di Riferimento non Inerziali   pag.87
18. Spazio-Tempo di Einstein   pag.92
19. Moto di una Particella in un Campo Gravitazionale   pag.94
20. Relazione tra Teoria Newtoniana della Gravitazione e Teoria della Relatività Generale   pag.96
21. Equazione di Einstein del Campo Gravitazionale   pag.99
22. Formulazione Quadridimensionale della Teoria Newtoniana della Gravitazione   pag.108
23. Formulazione Generalmente Covariante della Teoria Newtoniana della Gravitazione   pag.118
24. Equazioni di Newton del Campo Gravitazionale   pag.126

Strumenti Matematici

25. Il Gruppo degli Automorfismi   pag.131
26. Gruppo degli Automorfismi ad un parametro ed Automorfismo Infinitesimo   pag.133
27. Derivata di Lie   pag.136
28. Isometrie   pag.138
29. Equazione di Killing   pag.141
30. Vettori di Killing   pag.142
31. Spazi a Simmetria Massima   pag.143

32. Caratterizzazione degli Spazi a Simmetria Massima pag.145
33. Costruzione di Spazi a Simmetria Massima pag.148
34. Sottospazi a Spazi a Simmetria Massima pag.151
35. Spazio-Tempo Isotropo di Einstein pag.152

Soluzione di Schwarzschild
36. Soluzione di Schwarzschild nel Vuoto-Caso Einsteniano
 pag.155
37. Intepretazione Fisica della Costante d'Integrazione K pag.161
38. Soluzione di Schwarzschild nel Vuoto-Caso-
Newtoniano pag.162
39. Confronto dello Spazio-tempo Esterno di Schwarzschild
nel Caso Einsteniano e nel Caso Newtoniano pag.165

Appendice Matematica
Appendice a: Dimostrazione della Proposizione (30.a) pag.171
Appendice b: Dimostrazione della Proposizione (32.a) pag.175
Appendice c: Il Tensore Metrico pag.187
Appendice d: Simboli di Christoffel pag.188
Appendice f: Il Tensore di Curvatura pag.191
Appendice g: Tensore di Ricci, Curvatura Scalare ed
Identità di Bianchi pag.193

Appendice m
M1. Scalari e Vettori pag.195
M2. Somma di Vettori pag.198
M3. Relazione tra Vettori e Coordinate Cartesiane
Ortogonali pag.201
M4. Prodotto Scalare di Vettori pag.205
M5. Prodotto Vettoriale di Vettori pag.208
M6. Vettori Controvarianti e Vettori Covarianti pag.213
M7. Spazio Vettoriale Duale pag.220
M8. I Tensori pag.223
M9. Curvatura di uno Spazio pag.227

1. PREFAZIONE

Uno dei più grandi contributi dato da Newton al sapere umano fu la scoperta dell'universalità della forza gravitazionale. Con questa scoperta, Newton si allontanò definitivamente dalla dottrina millenaria che ammetteva i corpi celesti come quinta essenza. Secondo questa dottrina, le leggi che regolano il comportamento dei corpi celesti non sono connesse con quelle che regolano il comportamento dei corpi terrestri costituiti dalle quattro essenze: terra, fuoco, aria e acqua. Una nozione comune ritenuta valida a quei tempi fu che i pianeti fossero guidati nelle loro orbite dagli angeli. Newton dimostrò, in modo chiaro, che la forza gravitazionale della Terra è la stessa di quella che mantiene la Luna nella sua orbita attorno alla Terra e formulò la sua legge di gravitazione universale. La semplicità di questa legge e la sua concordanza con i fatti sperimentali aveva indotto gli scienziati del tempo a ritenere chiusa la millenaria disputa sul moto e le sue cause nonostante alcune domande riguardanti i concetti di spazio, tempo e gravitazione restassero ancora senza risposta. Non molti anni dopo, lo studio di un'altra classe di fenomeni fisici molto importanti: fenomeni elettrici e magnetici, condusse alla formulazione della teoria elettromagnetica di Maxwell che rivaleggiava per semplicità, per applicazioni e per precisione con la meccanica newtoniana. Tuttavia, questa teoria risultava incompatibile con il principio di relatività galileiana che rappresenta uno dei fondamenti della meccanica newtoniana. Questo problema fu affrontato da diversi scienziati e trovò la sua soluzione solo nel 1905 ad opera di Einstein che propose, per la sua soluzione, la rinuncia ai concetti di spazio e tempo assoluti formulando la *Teoria della Relatività Ristretta.* Questa teoria scosse i fondamenti della meccanica newtoniana che fino a quel momento era sembrata un monumento intoccabile ma al tempo stesso cominciava a farsi strada l'idea che non esistono verità intoccabili e assolute e, se necessario, vengono messe in discussione anche quelle affermazioni che sembrano più certe ed evidenti. Ad ogni modo restava un altro problema da risolvere: la questione sui sistemi di riferimento inerziali. Questi sistemi appaiono realizzabili solo approssimativamente, infatti è possibile stabilire se un dato sistema di riferimento è sufficientemente inerziale, ma non si sa se esista un sistema di riferimento assolutamente inerziale. Ancora una volta la questione viene chiusa da Einstein con la formulazione del *Principio di Equivalenza* che conduce, nel 1916, alla costruzione della *Teoria della Relatività Generale* la cui formulazione è riferita ai sistemi di riferimento qualsiasi, non più solo inerziali. Con l'enunciato del principio di equivalenza si vede che la presenza di un campo gravitazionale determina un incurvamento della traiettoria che la luce percorre, in contraddizione con la teoria di Maxwell che prevede un una traiettoria rettilinea. Quindi appare evidente che il principio di equivalenza sia incompatibile con le equazioni fondamentali della teoria di Maxwell. Allora, se non si vuole rinunciare a questo principio, diventa necessario modificare le equazioni di Maxwell la cui modifica deve tenere conto dell'interazione del campo gravitazionale con il campo elettromagnetico e le nuove equazioni devono ridursi, in assenza di campo gravitazionale, a quelle già note. Ancora una volta, la questione viene risolta da Einstein, sottoponendo ad una critica rigorosa i concetti di spazio e tempo. Questa critica condurrà Einstein a geometrizzare il campo gravitazionale introducendo una struttura matematica spazio-temporale molto complessa.

Sulla base di queste considerazioni sono stati trattati per prima gli osservatori inerziali, secondo la relatività galileiana, e successivamente si sono presi in considerazione tutti gli argomenti che caratterizzano la relatività ristretta. Fatto ciò, è stata introdotta la relatività generale inziando a discutere il principio di equivalenza e successivamente la struttura dello spazio-tempo interessando anche la teoria newtoniana della gravitazione in una formulazione quadridimensionale, generalmente covariante. Poi, utilizzando il principio di equivalenza, è stato formulato, nello spazio-tempo di Einstein, l'equazione del moto per una particella soggetta alla sola forza gravitazionale ed è stata stabilita una relazione tra la teoria della relatività generale e la teoria newtoniana della gravitazione. Utilizzando questa relazione sono state formulate le equazioni del campo gravitazionale facendo vedere che le equazioni della teoria newtoniana della gravitazione possono avere un'interpretazione geometrica in uno spazio-tempo curvo. Per comprendere quali fossero le proprietà di questo spazio-tempo curvo è stata sviluppata una formulazione geometrica della teoria newtoniana della gravitazione in modo indipendente dalla teoria della relatività generale. Così facendo è stata sviluppata prima la formulazione quadridimensionale nello spazio-tempo di Galilei e poi la formulazione generalmente covariante nello spazio-tempo di Newton.

Successivamente è stato fatto vedere che la teoria newtoniana della gravitazione, formulata nello spazio-tempo di Newton, non soddisfa il principio di equivalenza indicando come causa di questo fatto la diversa proprietà di trasformazione che hanno le forze inerziali e le forze gravitazionali. Quindi è stato fatto vedere che, assegnando una diversa proprietà di trasformazione alle forze gravitazionali, la teoria newtoniana della gravitazione soddisfa sia il principio di covarianza generale sia il principio di equivalenza, dove però, lo spazio-tempo di Newton venga sostituito con lo spazio-tempo curvo di Newton. I risultati di questo studio sono stati confrontati con quelli della teoria della relatività generale e sono state formulate le equazioni di Poisson nello spazio-tempo curvo di Newton confrontandole con le equazioni di campo di Einstein. Successivamente è stato fatto vedere che quando $c \to \infty$ la teoria della relatività generale degenera nella teoria newtoniana della gravitazione formulata nello spazio-tempo curvo di Newton e la teoria della relatività ristretta degenera nella meccanica newtoniana in assenza di gravitazione. Così, nel determinare la soluzione di Schwarzschild nel vuoto, nel caso einsteniano e nel caso newtoniano, è stato sufficiente risolvere le equazioni di Einstein nel vuoto nel caso particolare della simmetria sferica e fare il limite per $c \to \infty$. Nell'operare questa soluzione è stato considerato il fatto che nella simmetria sferica le relazioni metriche devono essere invarianti per rotazioni intorno al centro di simmetria e ciò ha condotto allo studio degli automorfismi metrici. I risultati di questo studio hanno consentito la costruzione di spazi dotati di simmetria e quindi di scrivere la più generale metrica per uno spazio-tempo a simmetria sferica. Utilizzando questa metrica e le equazioni di Einstein nel vuoto, è stato determinato il campo gravitazionale all'esterno di un corpo a simmetria sferica. Infine è stato determinato il campo gravitazionale all'esterno di un corpo a simmetria sferica nel caso newtoniano confrontandolo, poi, con il corrispondente del caso einsteniano. Tutto ciò è stato corredato di un appendice matematica in cui sono stati illustrati alcuni dei più importanti strumenti matematici di cui fa uso la teoria della relatività:

2. *OSSERVATORI INERZIALI E PRINCIPIO D'INERZIA*

Dire che un corpo è in quiete o si muove non ha senso se non viene specificato un corpo di riferimento; in altre parole, i concetti di quiete e di moto sono relativi e non assoluti. Così, un viaggiatore seduto in un treno, che si muove rispetto alla stazione di partenza, è visto in quiete da un osservatore O' solidale con il treno ed è visto in moto da un osservatore O solidale con la stazione di partenza.

Due osservatori, uno solidale con la Terra e l'altro solidale con il Sole, che studiano entrambi il moto di un satellite artificiale della Terra, fanno affermazioni diverse:

- l'osservatore terrestre afferma che il satellite della Terra descrive una traiettoria approssimativamente circolare intorno alla Terra

- l'osservatore solare afferma che il satellite della Terra descrive una traiettoria ondulata

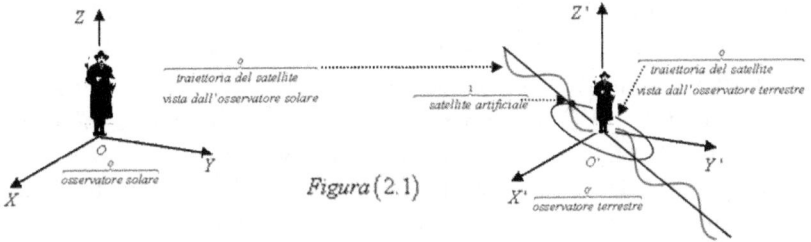

Figura (2.1)

Entrambi gli osservatori fanno affermazioni esatte; conoscendo il moto dell'uno rispetto all'altro è possibile conciliare le loro affermazioni.

Si osservi che quando si studiano i fenomeni di moto, anche se non viene esplicitamente detto, il moto è riferito ad un sistema di riferimento solidale con un laboratorio fisso sulla Terra. Quindi, poiché i concetti di quiete e di moto sono relativi, viene naturale chiedersi se i risultati che si ottengono nello studio dei fenomeni non dipendano dal particolare stato di moto del corpo di riferimento. Per rispondere al quesito posto si supponga di ripetere tutti gli esperimenti, eseguiti in un laboratorio terrestre, in un laboratorio situato in un'attrezzata carrozza di un treno. Se il treno si muove rispetto al laboratorio terrestre lungo un percorso non rettilineo e cambia continuamente il valore della sua velocità, nessuno dei fenomeni studiati ripresenta le stesse caratteristiche con le quali si era manifestato nel laboratorio terrestre; essi perdono quelle regolarità che consentono di scrivere le relazioni matematiche tra le varie grandezze fisiche che li caratterizzano. Ora si supponga che il treno si muova su un percorso rigorosamente rettilineo con una velocità rigorosamente costante, ripetendo tutti gli esperimenti eseguiti precedentemente si constata che si manifestano con le stesse caratteristiche che si sono manifestati nel laboratorio terrestre. Tutto ciò induce a ritenere che le caratteristiche con cui un fenomeno si manifesta, in fase di studio, dipendono dallo stato di moto del corpo di riferimento; ancora, le leggi fisiche che governano i fenomeni meccanici dipendono dallo stato di moto del corpo di riferimento. Orbene, si coprano rigorosamente, con teli opachi alla luce, tutti i finestrini della carrozza del treno su cui è situato il laboratorio per modo che non sia possibile guardare all'esterno; in queste condizioni, un osservatore O' che si trovasse dentro la carrozza del treno non sarebbe in grado di distinguere se il treno fosse in quiete o in moto rettilineo uniforme dai soli esperimenti dei fenomeni meccanici eseguiti dentro la carrozza del treno. Pertanto, se un osservatore O' dice di muoversi, rispetto ad un osservatore O, di moto rettilineo uniforme, con uguale diritto l'osservatore O può dire di muoversi, rispetto all'osservatore O', di moto rettilineo uniforme. Quindi si ammette l'esistenza di una classe di osservatori in moto rettilineo uniforme, gli uni rispetto agli altri, equivalenti tra loro e rispetto ai quali i fenomeni meccanici e le leggi che li governano sono invarianti.

Questi osservatori vengono detti osservatori inerziali

Non potendo distinguere rispetto ad un osservatore inerziale se un corpo è in quiete o si muove di moto rettilineo uniforme, si assume come stato fondamentale di un corpo lo stato di quiete e di moto rettilineo uniforme. Poiché il principio di causalità esige una causa per il mutamento degli stati di un corpo, una forza può agire su un corpo solo se c'è un mutamento della sua velocità che corrisponde ad un mutamento degli stati; in caso contrario al questione della ricerca di una causa che spieghi la presenza di una velocità, come vuole la fisica aristotelica, perde di significato ed in suo luogo subentra il principio di conservazione della velocità *(principio di inerzia)* come vuole la fisica galileiana-newtoniana.

3. PRINCIPIO DI RELATIVITA' GALILEIANA

Nel paragrafo precedente è stata ammessa una classe di osservatori inerziali rispetto ai quali i fenomeni meccanici e le leggi che li governano sono invarianti; questa proposizione è nota come *principio di relatività galileiana* dal quale consegue che le leggi della meccanica devono essere formulate rispetto ad osservatori inerziali. Poiché queste leggi sono formulate da osservatori solidali con laboratori terrestri, si ritiene che lo stato di moto della Terra debba essere quello fondamentale, cioè di quiete o di moto rettilineo uniforme, ma i concetti di quiete e di moto sono relativi e quindi bisogna precisare rispetto a quale corpo di riferimento la Terra è in quiete o si muove di moto rettilineo uniforme. Con questo intento, si osservi che per la descrizione dello stato di moto della Terra viene indicato un osservatore solidale con il Sole. Rispetto a questo osservatore lo stato di moto della Terra è accelerato, quindi le leggi della meccanica non possono essere formulate rispetto ad osservatori solidali con la Terra. Ma le leggi della meccanica sono state ottenute proprio con esperimenti eseguiti sulla Terra, ciò induce a ritenere che lo stato di moto della Terra , pur essendo accelerato, debba essere tale da potersi ritenere approssimativamente fondamentale. Questo fu il problema che si presentò a Newton dopo che ebbe formulato le leggi della meccanica: trovare un corpo di riferimento il cui stato di moto fosse rigorosamente fondamentale. Se Newton avesse scelto il Sole, il problema non sarebbe stato risolto ma soltanto differito in quanto si sarebbe potuto scoprire, un giorno, che anche il Sole potesse avere uno stato di moto accelerato, come in realtà è avvenuto. Fu probabilmente per tali ragioni che Newton giunse alla convinzione che un riferimento empirico, fissato da corpi materiali non avrebbe mai potuto costituire il fondamento di una scienza che implicasse le leggi della meccanica da lui formulate. Considerazioni analoghe possono essere svolte per il tempo: lo scorrere del tempo si esprime attraverso il moto rettilineo uniforme. Assumendo come unità di misura del tempo il periodo di rotazione della Terra, il principio d'inerzia non sarebbe esattamente valido per la presenza di alcune irregolarità nel moto della Terra. In questo modo Newton pervenne alla conclusione che esistessero uno spazio assoluto e un tempo assoluto e che, quindi, le leggi della meccanica devono essere formulate rispetto ad osservatori in quiete o in moto rettilineo uniforme rispetto allo spazio assoluto;

a questo proposito egli scrisse:

lo spazio assoluto, per sua natura senza relazione ad alcunché d'esterno, rimane sempre uguale ed immobile; lo spazio relativo è una dimensione mobile o misura dello spazio assoluto, che i nostri sensi definiscono in relazione alla sua posizione rispetto ai corpi, ed è comunemente preso al posto dello spazio immobile. Così, invece dei luoghi e dei moti assoluti usiamo i moti relativi; né ciò riesce scomodo nelle umane cose: ma nella filosofia bisogna astrarre dai sensi. Potrebbe anche darsi che non vi sia alcun corpo in quiete al quale possono venire riferiti sia i luoghi che i moti.

Il tempo, vero, matematico, in sé per sua natura senza relazione ad alcunché di esterno, scorre uniformemente, e con altro nome è chiamato durata; quello relativo, apparente e volgare, è una misura (esatta o inesatta) sensibile ed esterna della durata per mezzo del moto, che comunemente viene impiegata al posto del tempo vero: tali sono l'ora, il giorno, il mese e l'anno......Infatti i giorni naturali, che di consueto sono ritenuti uguali, e sono usati come misura del tempo, sono inuguali. Gli astronomi correggono questa inuguaglianza affinché, con un tempo più vero, possano misurare i moti celesti. È possibile che non vi sia movimento talmente uniforme per mezzo del quale si possa misurare accuratamente il tempo. Tutti i movimento possono essere accelerati o ritardati, ma il flusso del tempo assoluto non può essere mutato. Identica è la durata o la persistenza delle cose, sia che i moti vengano accelerati, sia che vengano annullati.

Per quanto le leggi della meccanica siano invarianti rispetto agli osservatori inerziali, da ciò non segue che lo stato di moto di un corpo sia lo stesso per ogni osservatore inerziale; cioè un osservatore inerziale O che eseguisse misurazioni di posizione e velocità per determinare lo stato di moto di un corpo, troverebbe valori diversi da quelli che troverebbe un altro osservatore inerziale O' in moto rettilineo uniforme rispetto ad O.

In che modo i due osservatori inerziali possono conciliare le loro misure di posizione e velocità?

Per rispondere a questa domanda, si supponga che i due osservatori occupano la stessa posizione nell'istante $t = 0$; in un istante successivo si ottiene la configurazione schematizzata nella figura (3.1) dalla quale si ricava la seguente equazione:

$$(3.1) \qquad \vec{S}' = \vec{S} - \overrightarrow{OO}'$$

in cui $\vec{S}'$, $\vec{S}$ ed $\overrightarrow{OO}'$ sono rispettivamente i vettori posizione rispetto agli osservatori O' e O e il vettore esprimente la posizione relativa dei due osservatori *(vedi la figura(3.1)):*

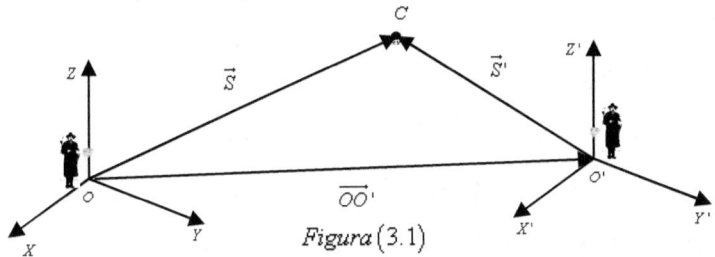

Figura (3.1)

Derivando l'equazione(3.1) si ottiene la seguente equazione:

$$(3.2) \qquad \frac{d}{dt}\vec{S}' = \frac{d}{dt}\vec{S} - \frac{d}{dt}\overrightarrow{OO}'$$

in cui $\dfrac{d}{dt}\vec{S}' = \vec{v}'$ esprime il vettore velocità del corpo rispetto all'osservatore O', $\dfrac{d}{dt}\vec{S} = \vec{v}$ esprime il vettore velocità del corpo rispetto all'osservatore O e $\dfrac{d}{dt}\overrightarrow{OO}' = \vec{u}$ il vettore velocità relativo ai due osservatori. Pertanto si può scrivere la seguente equazione:

$$(3.3) \qquad \vec{v}' = \vec{v} - \vec{u}$$

che esprime la *legge di addizione delle velocità,* dovuta a Galileo, e valida anche nel caso in cui uno dei due osservatori non sia inerziale. Poiché i due osservatori si muovono l'uno rispetto all'altro di moto rettilineo uniforme, la loro velocità relativa $\vec{u}$ è costante e pertanto l'equazione (3.1) si può scrivere come:

$$(3.4) \qquad \vec{S}' = \vec{S} - \vec{u}t$$

in cui *t* è il tempo assoluto, cioè indipendente dallo stato di moto degli osservatori. Le equazioni (3.3) e (3.4) consentono di conciliare le misure di posizione e velocità dei due osservatori inerziali che studiano il moto di uno stesso corpo; esse sono note come equazioni di trasformazione degli osservatori inerziali, dette anche trasformazioni di Galileo.

Dall'inerzialità dei due osservatori consegue la reciprocità delle equazioni (3.3) e (3.4)

$$(3.5) \qquad \vec{v} = \vec{v}' + \vec{u}$$

$$(3.6) \qquad \vec{S} = \vec{S}' + \vec{u}t$$

Derivando l'equazione (3.3) si ottiene l'equazione:

$$(3.7) \qquad \frac{d}{dt}\vec{v}' = \frac{d}{dt}\vec{v}$$

Dalla quale si deduce che l'accelerazione con cui il corpo si muove è assoluta, nel senso che il suo valore non dipende dallo stato di moto dell'osservatore. Osservando che anche la massa del corpo non dipende dallo stato di moto dell'osservatore, si può scrivere l'equazione:

$$(3.8) \qquad m\frac{d}{dt}\vec{v}' = m\frac{d}{dt}\vec{v}$$

che esprime, matematicamente, ciò che è stato detto nel paragrafo (1.4) e cioè:

le leggi della meccanica sono invarianti rispetto agli osservatori inerziali

Pertanto il principio di relatività galileiana si può enunciare come segue:

le leggi della meccanica sono invarianti rispetto ad una trasformazione di Galileo

ecco come si esprime Galileo nel passo del "gran navilio"

"Rinserratevi con qualche amico nella maggior stanza che sia sotto coperta di alcun gran navilio, e quivi fate di aver mosche, farfalle e simili animaletti volanti; siavi anche un gran vaso d' acqua, e dentrovi dei pescetti, sospendasi anco in alto qualche

secchiello, che a goccia a goccia vadia versando dell' acqua in un altro vaso di angusta bocca, che sia posto in basso: e stando ferma la nave, osservate diligentemente come quelli animaletti volanti con pari velocità vanno verso tutte le parti della stanza, e i pesci si vedranno andar notando indifferentemente per tutti i versi; le stille cadenti entreranno tutte nel vaso sottoposto; e voi, gettando all' amico alcun cosa, non più gagliardamente la dovrete gettare verso quella parte che verso questa, quando le lontananze sieno uguali, e saltando voi, come si dice, a piè giunti, egual spazii passerete verso tutte le parti. Osservate che avrete diligentemente tutte queste cose, benchè niuno dubbio vi sia che mentre il vassello sta fermo non debbano succedere così; fate muovere la nave con quanta si voglia velocità: ché (pur che il moto sia uniforme e non fluttuante in qua e in là) voi non riconoscerete una minima mutazione in tutti li nominati effetti, né da alcuno di quelli potrete comprendere se la nave cammina oppur sta ferma..."

Per chiarire con un esempio quanto è stato detto finora, si consideri un laboratorio di fisica situato in un'attrezzata carrozza di un treno che si muove di moto rettilineo uniforme rispetto alla stazione di partenza. Si lasci cadere liberamente, all'interno della carrozza un corpo C; secondo l'osservatore O, solidale con la stazione partenza, il corpo descrive una traiettoria parabolica risultante dalla composizione di un moto rettilineo uniforme orizzontale con velocità $\vec{u}$ e di un moto verticale con accelerazione costante $\vec{g} = \dfrac{d}{dt}\vec{v}$.

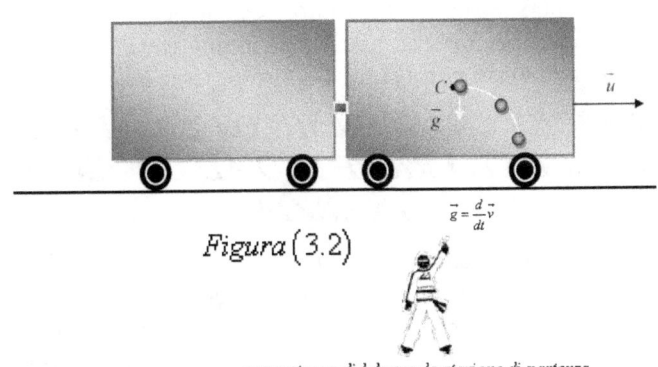

Figura (3.2)

osservatore solidale con la stazione di partenza

Secondo l'osservatore O', solidale con la carrozza in cui è situato il laboratorio di fisica, il corpo descrive una traiettoria rettilinea lungo la verticale, muovendosi con accelerazione costante $\vec{g} = \dfrac{d}{dt}\vec{v}$

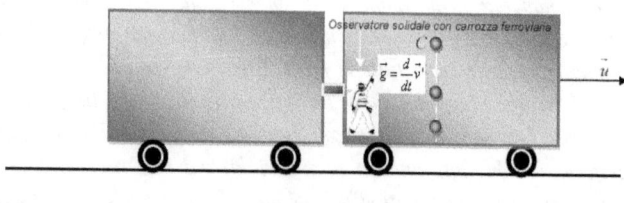

Figura (3.3)

Osservzione sulla Terra quale Sistema di riferimento inerziale

A causa della presenza del campo gravitazionale terrestre, non è esatto dire che qualunque sistema di riferimento in moto rettilineo uniforme rispetto alla Terra è inerziale, nell'approssimazione in cui si possa considerare inerziale la Terra stessa. Se immaginiamo un ipotetico ascensore in grado di salire con velocità costante per molti chilometri, dobbiamo tenere conto del fatto che, a mano a mano che esso sale, la forza di gravità diminuisce al suo interno in ragione inversamente proporzionale al quadrato della distamza dal centro della Terra. Quindi l'ascensore, pur muovendosi di moto rettilineo uniforme rispetto alla Terra, non può essere considerato equivalente ad un laboratorio terrestre se non per intervalli di tempo molto brevi durante i quali la variazione di peso dei corpi al suo interno si possa trascurare.

4. OSSERVATORI IN MOTO TRASLATORIO ACCELERATO RISPETTO AD OSSERVATORI INERZIALI

Nel paragrafo precedente è stato detto che la legge di addizione delle velocità è valida anche nel caso in cui uno dei due osservatori non sia inerziale. Supponendo che l'osservatore O' si muove di moto traslatorio accelerato rispetto all'osservatore inerziale O e calcolando le variazioni rispetto al tempo per l'equazione (3.3) del paragrafo precedente, si ottiene l'equazione:

$$(4.1) \qquad \frac{d}{dt}\vec{v}' = \frac{d}{dt}\vec{v} - \frac{d}{dt}\vec{u}$$

in cui $\frac{d}{dt}\vec{v}'$ esprime l'accelerazione del corpo misurata

dall'osservatore O', $\frac{d}{dt}\vec{v}$ esprime l'accelerazione del corpo misurata

dall'osservatore O ed il termine $-\frac{d}{dt}\vec{u}$ esprime l'accelerazione relativa

tra i due osservatori *(accelerazione di trascinamento)*. Moltiplicando primo e secondo membro di questa equazione per la massa del corpo, si ottiene l'equazione:

$$(4.2) \qquad m\frac{d}{dt}\vec{v}' = m\frac{d}{dt}\vec{v} - m\frac{d}{dt}\vec{u}$$

da cui segue l'equazione:

$$(4.3) \qquad \vec{R}' = \vec{R} - \vec{R}_T$$

in cui $\vec{R}'$ è la forza responsabile del moto del corpo misurata dall'osservatore accelerato O', $\vec{R}$ è la forza responsabile del moto del corpo misurata dall'osservatore O e $-\vec{R}_T$ è una forza dovuta all'accelerazione relativa tra i due osservatori. Dall'equazione (4.3) si deduce che un osservatore accelerato vede muovere un corpo sia per effetto di una forza $\vec{R}$, dovuta all'interazione tra il corpo e l'ambiente che lo circonda, sia per effetto di una forza $-\vec{R}_T$, dovuta al moto relative dei due osservatori e non corrispondente, secondo gli osservatori inerziali, ad alcuna interazione;

per questo motivo, tali forze vengono dette fittizie, oppure apparenti, oppure inerziali.

Si osservi che se il corpo è nel suo stato fondamentale rispetto all'osservatore inerziale O, è $\vec{R} = 0$ sicché l'equazione (4.3) si reduce all'equazione:

$$(4.4) \quad \vec{R'} = -\vec{R}_T$$

dalla quale si deduce che anche in assenza di interazioni, l'osservatore accelerato O' vede il corpo C sottoposto all'azione di una forza.

Con riferimento all'esempio trattato nel paragrafo precedente e nell'ipotesi che il treno si muove di moto accelerato rispetto alla stazione di partenza, un osservatore O' solidale con la carrozza in cui è situato il laboratorio di fisica, vedrà il corpo C sfuggire all'indietro rispetto al pavimento della carrozza, con un'accelerazione data dall'equazione (4.1).

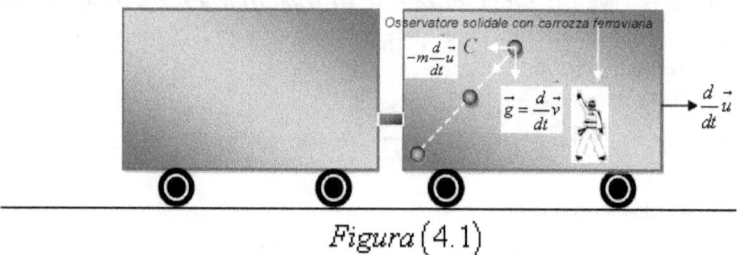

$$Figura\,(4.1)$$

L'osservatore inerziale O e l'osservatore accelerato O', oltre che osservare una diversa traiettoria per il moto dello stesso corpo C, attribuiscono anche forze diverse: per l'osservatore inerziale O, la forza responsabile del moto del corpo C è la forza $\vec{mg}$, per l'osservatore accelerato O', la forza responsabile del moto del corpo C è la forza data dalla differenza della forza peso e della forza inerziale:

$$(4.5) \quad \vec{R'} = \vec{mg} - m\frac{d}{dt}\vec{u}$$

5. OSSERVATORI IN MOTO ROTATORIO UNIFORME RISPETTO AD OSSERVATORI INERZIALI

Un caso particolarmente interessante fra gli osservatori accelerati è quello inerente ad un osservatore O' che ruota uniformemente, con velocità angolare $\vec{\omega}$ rispetto ad un osservatore inerziale O.

Si consideri una piattaforma che ruoti, con velocità angolare $\vec{\omega}$ costante, intorno ad un asse A coincidente con l'asse Z di un sistema di assi cartesiani O, X, Y, Z solidale con un osservatore inerziale O e sia O' un osservatore solidale con la piattaforma ruotante e con un sistema di assi cartesiani O', X', Y', Z . Un corpo C , fermo rispetto all'osservatore O', è visto muovere *(vedi la figura(5.1))* dall'osservatore O con moto circolare uniforme con una velocità $\vec{v}$ data dall'equazione:

$$(5.1) \qquad \vec{v} = \vec{\omega} \wedge \vec{s}$$

Nell'ipotesi che il corpo C si muove con velocità $\vec{v}'$ rispetto all'osservatore accelerato O' , l'osservatore inerziale O lo vedrà muovere con una velocità $\vec{v}$ data dall'equazione:

$$(5.2) \qquad \vec{v} = \vec{v}' + \vec{\omega} \wedge \vec{s}$$

Per determinare l'accelerazione del corpo C , dal punto di vista dell'osservatore inerziale O , è sufficiente calcolare la variazione rispetto al tempo dell'equazione (5.2); così facendo si ottiene l'equazione:

$$(5.3) \qquad \left(\frac{d}{dt}\vec{v}\right)_{oss.O} = \left(\frac{d}{dt}\vec{v}'\right)_{oss.O} + \vec{\omega} \wedge \left(\frac{d}{dt}\vec{s}\right)_{oss.O}$$

in cui il termine $\left(\dfrac{d}{dt}\vec{v}'\right)_{oss.O}$ esprime la variazione rispetto al tempo, misurata dall'osservatore inerziale O, del vettore velocità $\vec{v}'$ misurato dall'osservatore accelerato O'; questa variazione non coincide con la variazione che misurerebbe l'osservatore accelerato O', cioè:

$$\left(\frac{d}{dt}\vec{v}'\right)_{oss.O} \neq \left(\frac{d}{dt}\vec{v}'\right)_{oss.O'}$$

Per esempio se il corpo C si muove con moto rettilineo uniforme rispetto all'osservatore accelerato O', risulta $\left(\dfrac{d}{dt}\vec{v}'\right)_{oss.O'} = 0$ ma rispetto all'osservatore inerziale O il corpo C descrive una traiettoria elicoidale ed il vettore $\vec{v}'$ ruota con velocità angolare $\vec{\omega}$ costante in modo che risulti:

$$(5.4) \qquad \left(\frac{d}{dt}\vec{v}'\right)_{oss.O} = \vec{\omega}\wedge\vec{v}'$$

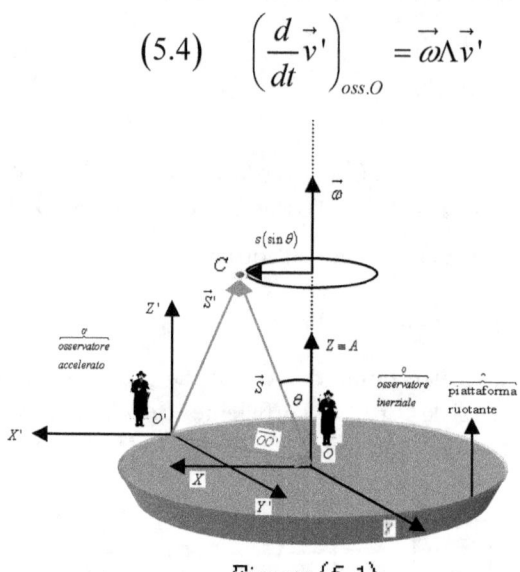

$$Figura\,(5.1)$$

Quindi, se il corpo C si muove con moto qualsiasi rispetto all'osservatore O', l'equazione (5.4) diventa:

$$(5.5) \qquad \left(\frac{d}{dt}\vec{v}'\right)_{oss.O} = \left(\frac{d}{dt}\vec{v}'\right)_{oss.O'} + \vec{\omega}\wedge\vec{v}'$$

Sostituendo questa equazione nell'equazione (5.3) si ottiene l'equazione:

$$(5.6) \qquad \left(\frac{d}{dt}\vec{v}\right)_{oss.O} = \left(\frac{d}{dt}\vec{v}'\right)_{oss.O'} + \vec{\omega}\wedge\vec{v}' + \vec{\omega}\wedge\left(\frac{d}{dt}\vec{s}\right)_{oss.O}$$

20

in cui osservando che $\left(\dfrac{d}{dt}\vec{s}\right)_{oss.O} = \vec{v}$ e facendo uso dell'equazione

(5.2), si può scrivere l'equazione:

$$(5.7) \quad \left(\dfrac{d}{dt}\vec{v}\right)_{oss.O} = \left(\dfrac{d}{dt}\vec{v}'\right)_{oss.O'} + 2\vec{\omega}\Lambda\vec{v}' + \vec{\omega}\Lambda\left(\vec{\omega}\Lambda\vec{s}\right)$$

che può anche scriversi come:

$$(5.8) \quad \left(\dfrac{d}{dt}\vec{v}'\right)_{oss.O'} = \left(\dfrac{d}{dt}\vec{v}\right)_{oss.O} - 2\vec{\omega}\Lambda\vec{v}' - \Lambda\left(\vec{\omega}\Lambda\vec{s}\right)$$

in cui moltiplicando primo e secondo membro per la massa del corpo si ottiene l'equazione:

$$(5.9) \quad \vec{R}' = \vec{R} - 2m\vec{\omega}\Lambda\vec{v}' - m\vec{\omega}\Lambda\left(\vec{\omega}\Lambda\vec{s}\right)$$

in cui $\vec{R}'$ è la forza responsabile del moto del corpo C misurata dall'osservatore O', $\vec{R}$ è la forza responsabile del moto del corpo C misurata dall'osservatore inerziale O ed i termini $-2\vec{\omega}\Lambda\vec{v}'$, $-\Lambda\left(\vec{\omega}\Lambda\vec{s}\right)$, detti rispettivamente *forza di Coriolis* e *forza centrifuga*, sono dovuti alla rotazione relative dei due osservatori.

Dall'equazione (5.9) si deduce che un osservatore O', accelerato rispetto a un osservatore inerziale O, vede muovere un corpo sia per effetto di una forza $\vec{R}$ dovuta all'interazione tra il corpo e l'ambiente che lo circonda, sia per effetto delle forze di Coriolis e centrifuga dovute alla rotazione relativa dei due osservatori e non corrispondenti ad alcuna interazione. Se il corpo C è nel suo stato fondamentale rispetto all'osservatore inerziale O, è $\vec{R} = 0$, sicché l'equazione (5.9) si reduce all'equazione:

$$(5.10) \quad \vec{R}' = -2m\vec{\omega}\Lambda\vec{v}' - m\vec{\omega}\Lambda\left(\vec{\omega}\Lambda\vec{s}\right)$$

dalla quale si deduce che anche in assenza di interazioni l'osservatore accelerato O' vede il corpo sottoposto all'azione di forze.

Per chiarire ulteriormente il significato dell'equazione (5.9), si consideri un osservatore inerziale O che osserva un corpo C fermo su una piattaforma ruotante con velocità angolare $\vec{\omega}$ costante. Secondo questo osservatore, il corpo C si muove di moto circolare uniforme e la forza $\vec{R}$, responsabile di questo moto, è la forza centripeta data dalla relazione:

$$(5.11) \qquad \vec{R} = m\left(\vec{\omega} \wedge \vec{v}\right)$$

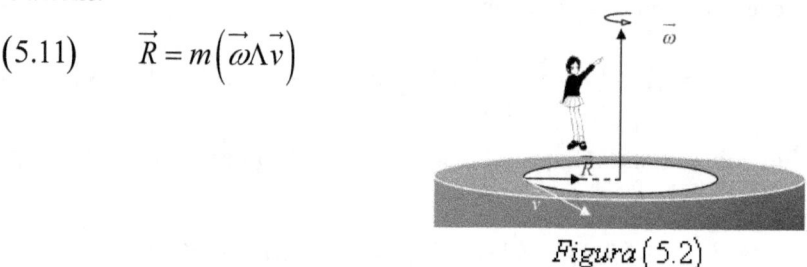

Figura (5.2)

Ora, si consideri la stessa situazione osservata da un osservatore O' solidale con la piattaforma ruotante. Questo osservatore, per spiegare che il corpo C è in quiete deve postulare l'esistenza di una forza che si contrappone alla forza $\vec{R}$. Per l'osservatore inerziale O questa forza è fittizia nel senso che ad essa non corrisponde alcuna interazione ma è dovuta al fatto che l'osservatore O' non è inerziale, ad essa si dà il nome di forza centrifuga. Se il corpo C si muove rispetto alla piattaforma ruotante e su di esso, secondo l'osservatore inerziale O, non agisce alcuna forza d'interazione, l'osservatore O', solidale con la piattaforma ruotante, per spiegare il moto del corpo C dovrà postulare l'esistenza di due forze: la forza di Coriolis e la forza centrifuga date dall'equazione (5.10), che secondo un osservatore inerziale sono fittizie.

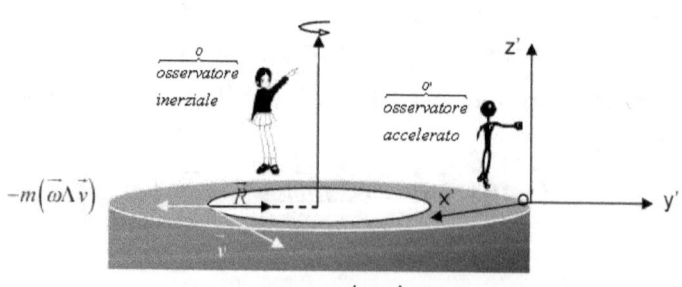

Figura (5.3)

Per chiarire il significato fisico della forza di Coriolis, si considerino due giocatori g_1 e g_2 posti lungo una linea radiale della piattaforma ruotante.

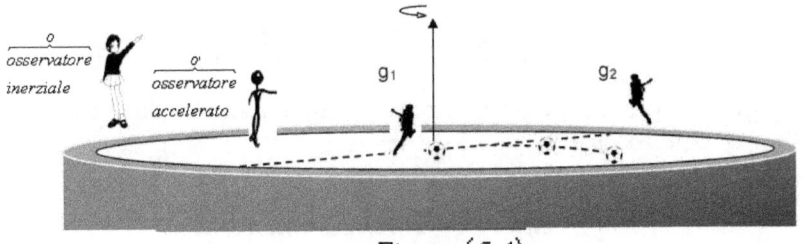

osservatore inerziale

osservatore accelerato

g_1

g_2

Figura (5.4)

Se il giocatore g_1 lancia una palla al giocatore g_2 lungo una linea radiale dal centro della piattaforma verso l'esterno, la palla non raggiungerà il giocatore g_2 perché verrà deviata verso destra. L'osservatore O' spiega la deviazione a destra della palla dalla linea radiale postulando l'esistenza di una forza $-2m\vec{\omega}\wedge\vec{v}'$ che, secondo un osservatore inerziale, è fittizia. Infatti, secondo l'osservatore inerziale, la palla viaggia in linea retta dopo aver lasciato il lanciatore g_1 e manca il ricevitore g_2 perché questi è in movimento.

6. OSSERVATORI TERRESTRI

E' stato già posto in evidenza che le leggi che governano i fenomeni meccanici sono state ottenute con studi ed esperimenti eseguiti sulla Terra. La Terra è un pianeta dodato di diversi movimenti di cui i più importanti sono quelli di rotazione intorno al proprio asse, che rende ragione dell'alternarsi del giorno e della notte, e di rivoluzione intorno al Sole, che rende ragione dell'avvicendarsi delle stagioni.

qualunque osservatore solidale con la Terra è un osservatore accelerato.

Rispetto a questi osservatori, il modello dinamico del moto conserva la sua validità purché si pone, nelle equazioni fondamentale della dinamica newtoniana:

$$\vec{R} = m\frac{d}{dt}\vec{v} \quad ; \quad \vec{R} = m\frac{d^2}{dt^2}\vec{s}$$

al posto del vettore forza $\vec{R}$ il vettore forza:

$$\vec{R}' = \vec{R} - 2m\vec{\omega}\wedge\vec{v}' - m\vec{\omega}\wedge\left(\vec{\omega}\wedge\vec{s}\right).$$

Quindi, secondo un osservatore terrestre, il modello dinamico del moto è espresso dalla seguente equazione:

$$(6.1) \quad m\vec{a}' = \vec{R} - 2m\vec{\omega}\wedge\vec{v}' - m\vec{\omega}\wedge\left(\vec{\omega}\wedge\vec{s}\right)$$

Come applicazione di questa equazione, si consideri un corpo in caduta libera verso la superficie terrestre. Questo moto è governato dall'equazione:

$$(6.2) \quad m\vec{a}' = m\vec{g} - 2m\vec{\omega}\wedge\vec{v}' - m\vec{\omega}\wedge\left(\vec{\omega}\wedge\vec{s}\right)$$

in cui $m\vec{g}$ è la forza d'interazione tra il corpo e la Terra, $-2m\vec{\omega}\wedge\vec{v}'$ è la forza di Coriolis e $-m\vec{\omega}\wedge\left(\vec{\omega}\wedge\vec{s}\right)$ è la forza centrifuga.

E' opportuno osservare che il contributo alla forza di Coriolis e alla forza centrifuga è fornito sia dal moto di rotazione della Terra intorno al proprio asse, sia dal moto di rivoluzione intorno al Sole; quest'ultimo moto può essere trascurato rispetto al moto di rotazione perché, come risulta dal confronto delle rispettive velocità angolari, il suo contributo è circa i $2/10$ del contributo fornito dal moto di rotazione.

Il moto di rotazione della Terra intorno al proprio asse avviene attorno al Polo Nord in senso antiorario *(vedi figura (6.1))* con una velocità angolare $\vec{\omega}$ il cui modulo è:

$$\omega = \frac{2\pi}{24 \cdot 3600} = 7.29 \cdot 10^5 \frac{rad}{s}$$

la cui direzione coincide con la direzione dell'asse di rotazione ed il cui verso è quello uscente dal Polo Nord.

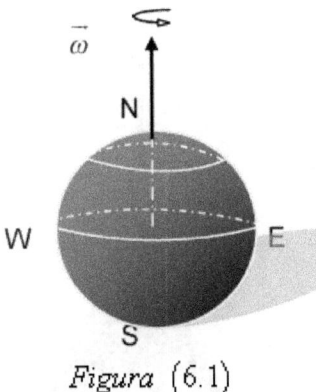

Figura (6.1)

Supponendo che la velocità di caduta $\vec{v}'$ sia sufficientemente piccola, è possibile trascurare la forza di Coriolis rispetto alla forza centrifuga. Pertanto L'equazione (6.2) che governa il moto di caduta, diventa:

$$(6.3) \quad m\vec{a}' = m\vec{g} - m\vec{\omega}\wedge\left(\vec{\omega}\wedge\vec{s}\right)$$

da cui segue l'equazione:

$$(6.4) \quad \vec{a}' = \vec{g} - \vec{\omega}\wedge\left(\vec{\omega}\wedge\vec{s}\right)$$

che esprime, secondo un osservatore terrestre, l'accelerazione con cui un corpo cade liberamente verso la superficie terrestre nell'approssimazione che la velocità di caduta sia sufficientemente piccola.

Nell'ipotesi che il vettore posizione $\vec{s}$ sia parallelo oppure antiparallelo al vettore $\vec{\omega}$, il prodotto vettoriale $\vec{\omega}\wedge\vec{s}$ è nullo e quindi l'equazione (6.4) si riduce alla seguente equazione:

$$(6.5) \quad \vec{a}' = \vec{g}$$

dalla quale si deduce che un osservatore terrestre, ai poli, vede cadere un corpo con la stessa accelerazione con cui lo vedrebbe cadere un osservatore inerziale se la Terra non ruotasse. I due vettori $\vec{a}'$ e $\vec{g}$ sono uguali in modulo, verso e direzione che, nell'ipotesi di una Terra perfettamente sferica, coincide con la direzione del raggio terrestre passante per i poli.

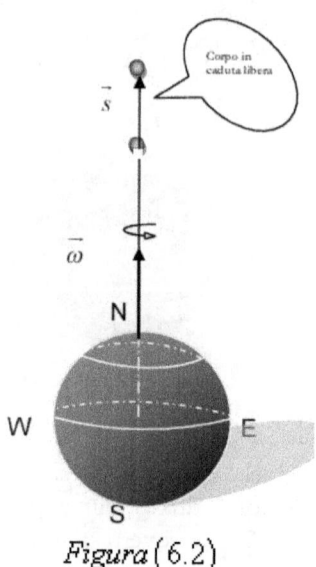

Figura (6.2)

Nell'ipotesi che il vettore $\vec{s}$ sia perpendicolare al vettore $\vec{\omega}$ *(ciò si verifica all'equatore)* vedi la figura (6.3)), il prodotto vetttoriale $\vec{\omega}\wedge\vec{s}$ assume il suo massimo valore e di conseguenza anche il vettore accelerazione $-\vec{\omega}\wedge\left(\vec{\omega}\wedge\vec{s}\right)$ assume il suo massimo valore con direzione uguale a quella del vettore $\vec{g}$ e verso opposto.

Quindi, all'equatore, un osservatore terrestre vede cadere un corpo nella stessa direzione di quella che vedrebbe un osservatore inerziale se la Terra non ruotasse, ma con un valore di accelerazione pari alla differenza dei valori tra l'accelerazione $\vec{g}$ e l'accelerazione $-\vec{\omega}\wedge\left(\vec{\omega}\wedge\vec{s}\right)$.

Pertanto si ha la relazione:

$$(6.6) \quad a' = g - \omega^2 s$$

in cui assumendo per s il valore del raggio equatoriale pari a $6.37\cdot10^6 m$ e per g il valore che misurerebbe un osservatore inerziale alla superficie terrestre $\left(9.80 \dfrac{m}{s^2} \right)$ se la Terra non ruotasse, si

ottiene il valore $a' = 9.76 \dfrac{m}{s^2}$ che corrisponde al 99.6% del valore di

$\vec{g}$. Ne consegue che il vettore accelerazione $\vec{a}'$ con cui un corpo cade liberamente verso la superficie terrestre dipende dalla latitudine ed il suo modulo assume valori compresi nell'intervallo avente per estremi il

valore ai poli: $9.80 \dfrac{m}{s^2}$ ed il valore all'equatore: $9.76 \dfrac{m}{s^2}$, di

conseguenza il peso di un corpo dipende dalla latitudine a cui il corpo si trova ed è massimo ai poli e minimo all'equatore.

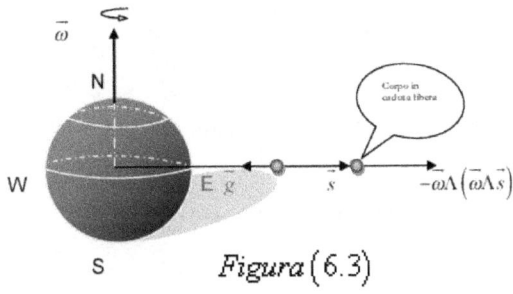

$$Figura \left(6.3 \right)$$

Nell'ipotesi che la velocità di caduta $\vec{v}'$ sia tale che la forza di Coriolis non si possa più trascurare rispetto alla forza centrifuga, l'equazione che governa il moto di caduta resta l'equazione (6.2) che può scriversi come:

$$(6.7) \quad a' = g - 2\vec{\omega}\wedge\vec{v}' - \vec{\omega}\wedge\left(\vec{\omega}\wedge\vec{s}\right)$$

ed esprime, secondo un osservatore terrestre, l'accelerazione con cui un corpo cade liberamente verso la superficie terrestre.
Per determinare il contributo fornito dall'accelerazione di Coriolis alla traiettoria del moto, si consideri la condizione per la quale questo contributo è massimo. Ciò si verifica quando la velocità di caduta $\vec{v}'$ è perpendicolare alla velocità angolare $\vec{\omega}$; una siffatta condizione è realizzabile fisicamente all'equatore. Osservando la caduta del corpo

dalla parte dell'emisfero nord, la traiettoria del moto subirà una deflessione nella direzione est. Pertanto, scegliendo come asse delle ascisse di un sistema di assi cartesiani ortogonali quello con la direzione verso est, è possibile scrivere la seguente equazione:

$$(6.8) \quad \frac{d^2}{dt^2} x = 2\omega v'$$

che fornisce la relazione tra la deflessione verso est che subisce la traiettoria del moto ed il modulo dell'accelerazione di Coriolis. Ponendo in questa equazione $v' = gt$ si commette un errore trascurabile, quindi si ottiene l'equazione:

$$(6.9) \quad \frac{d^2}{dt^2} x = 2\omega gt$$

che risolta rispetto a x fornisce la seguente relazione:

$$(6.10) \quad x = \frac{1}{3}\omega gt^3$$

in cui ponendo $t = \sqrt{\frac{2h}{g}}$ (dove h esprime la quota dalla quale il corpo cade) si ottiene l'equazione:

$$(6.11) \quad x = \frac{2}{3}\omega \sqrt{\frac{2h^3}{g}}$$

che consente di calcolare con buona approssimazione la deflessione della traiettoria di un corpo in caduta libera all'equatore. Ad esempio, supponendo che il corpo cade da una torre di altezza $h = 30m$, si ottiene per x un valore pari a $0.36cm$.

E' dubbiosa la realizzazione di un esperimento che consente la verifica di un valore così piccolo per la deflessione della traiettoria di un corpo in caduta libera in quanto si sovrappongono fenomeni spuri come le correnti di vento, gli effetti di viscosità, ecc.

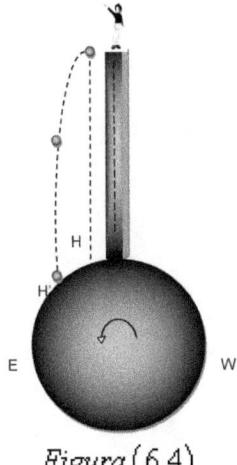

$$Figura\,(6.4)$$

Di sicura realizzazione, invece, è il noto esperimento di Foucault. Infatti, si faccia oscillare un pendolo con una piccola ampiezza di oscillazione, in modo che la traiettoria si possa considerare rettilinea e orizzontale, nella direzione est-ovest. Se la Terra non ruotasse, il pendolo esaurirebbe il suo moto oscillando, costantemente, fra i punti A e B, ma a causa della rotazione della Terra è presente l'accelerazione di Coriolis, che determina una deflessione continua della traiettoria verso destra nell'emisfero nord e verso sinistra nell'emisfero sud. Pertanto, alla fine della prima semi oscillazione il pendolo raggiunge il punto B' invece che B e al ritorno raggiunge il punto A' invece che A. Quindi, il piano di oscillazione del pendolo ruota in senso orario nell'emisfero nord e in senso antiorario nell'emisfero sud.

Questo risultato fu ottenuto da Jean Leon Foucault nel 1851 nella chiesa di Les Invalides a Parigi facendo uso di un pendolo lungo $67m$. *Durante ciascuna oscillazione, la massa del pendolo lasciava cadere della sabbia descrivendo un cerchio e fornendo così la prova sperimentale che il suo piano di oscillazione ruotava di* $11°15'$ *ogni ora.*

7. POSTULATO DI COSTANZA DELLA VELOCITÀ DELLA LUCE.

Verso la fine del XIX secolo sembrava che l'edificio concettuale della Fisica fosse ormai completato. La meccanica newtoniana da un lato e la teoria maxwelliana dell'elettromagnetismo, dall'altro, parevano fornire la chiave di interpretazione e di previsione di tutti i fenomeni: *dal moto dei pianeti al comportamento delle cariche elettriche*. Tuttavia, nella teoria maxwelliana dell'elettromagnetismo fu prevista l'esistenza di onde elettromagnetiche in grado di trasportare energia alla velocità della luce. Poco si sapeva sulla natura di queste onde e in particolare sul loro mezzo di propagazione. In analogia con le onde acustiche che hanno bisogno di un mezzo *(l'aria)* per la loro propagazione, si ipotizzò l'esistenza di un mezzo di propagazione, imponderabile e trasparente, che permeasse l'intero Universo e chiamato *"etere lumifero"*. Quindi l'etere lumifero viene indicato come il mezzo attraverso il quale si possa fornire una spiegazione in termini meccanici della propagazione delle onde elettromagnetiche. Ammessa l'esistenza di questo etere lumifero si pone il problema della sua verifica sperimentale che, secondo la teoria, doveva fondarsi sulla misurazione della velocità della luce *(la luce è un'onda elettromagnetica)* nei diversi sistemi di riferimento in moto relativo. Nel 1880, il fisico Americano Michelson, con il suo collaboratore Morley, iniziò una serie di esperimenti che durarono vent'anni e con i quali si propose di misurare la velocità della luce nelle varie direzioni rispetto ai punti cardinali con l'obiettivo di verificare se la Terra fosse in moto rispetto all'etere e, in particolare, se l'etere si potesse considerare in quiete rispetto alle stele fisse. Nella figura (7.1) è fornita una schematizzazione dell'apparato sperimentale con cui Michelson eseguì le misurazioni: un raggio di luce fuoriesce da una sorgente S e incide su una lastra semiargentata che forma un angolo di $45°$ con la direzione del raggio. Nel punto O una parte del raggio viene riflessa, giunge sullo specchio A e ritorna nel punto O da dove viene trasmessa al cannocchiale C. L'altra parte viene trasmessa e giunge sullo specchio B da dove torna nel punto O in cui una parte viene riflessa giungendo sul cannocchiale C. Nel tratto OC si sovrappongono due raggi, provenienti dalla stessa sorgente S e che percorrono cammini diversi. L'apparato sperimentale è montato su una piattaforma che può liberamente ruotare su un piano orizzontale; l'intero sistema assume il nome *interferometro*.

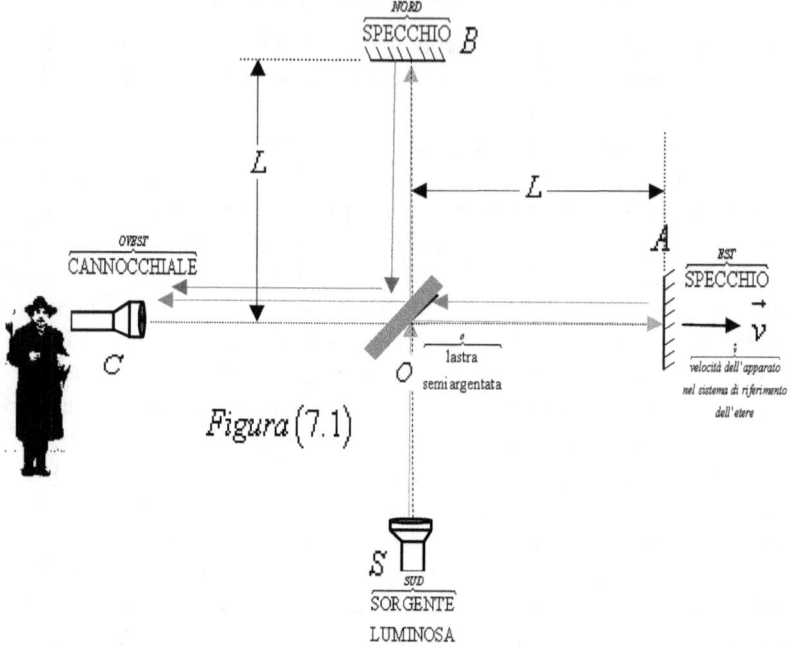

Figura (7.1)

Supposto che l'etere lumifero sia in quiete rispetto al sistema di riferimento delle stelle fisse e che la Terra si muove liberamente rispetto all'etere con la velocità $\vec{v} = 30\dfrac{km}{s}$, se l'interferometro è orientato in modo che il braccio OA *(supposto uguale al braccioOB)* sia disposto nella direzione *Est-Ovest* , ovvero parallelamente al moto apparente dell'etere rispetto alla Terra, e il braccio OB nella direzione Nord-Sud, ovvero perpendicolare a tale moto, segue che se la velocità della luce si compone con la velocità dell'etere, secondo la legge di addizione delle velocità espressa dall'equazione (3.3) del paragrafo 3, il raggio luminoso che compie il cammino OAO, parallelo al moto dell'etere, dovrebbe impiegare più tempo del raggio che compie il cammino OBO. Infatti mentre la luce viaggia da O verso A con velocità c, A si muove nello stesso verso con velocità v, allora indicato con t_1 il tempo che il raggio impiega per

32

andare da O verso A e con ct_1 lo spazio percorso, tenendo conto che nello stesso tempo il punto A si è spostato di un tratto pari vt_1, si può scrivere la seguente equazione:

$$(7.1) \quad ct_1 = L + vt_1 \Rightarrow L = ct_1 - vt_1 = t_1(c - v) \Rightarrow$$

$$t_1 = \frac{L}{c - v}$$

Analogamente, detto t_2 il tempo impiegato dal raggio per andare da A verso O, sussiste la seguente relazione:

$$(7.2) \quad ct_2 = L - vt_2 \Rightarrow L = ct_2 + vt_2 = t_2(c + v) \Rightarrow$$

$$t_2 = \frac{L}{c + v}$$

Il tempo totale t_A impiegato dal raggio per percorrere il tratto OAO è dato dalla seguente equazione:

$$(7.3) \quad t_A = t_1 + t_2 = \frac{L}{c - v} + \frac{L}{c + v} \Rightarrow$$

$$t_A = \frac{2L}{c} \frac{1}{1 - \dfrac{v^2}{c^2}}$$

Ora cosideriamo il raggio che viaggia nella direzione Nord verso il punto B, poiché l'interferometro si sposta lateralmente verso Est, il raggio è visto obliquo, rispetto alla direzione Nord-Sud, da un osservatore solidale con l'etere *(vedi la figura (7.2))* e petanto si può scrivere la seguennte equazione:

$$(7.4) \quad c^2 t^2 = L^2 + v^2 t^2 \Rightarrow L^2 = c^2 t^2 - v^2 t^2 = t^2(c^2 - v^2) \Rightarrow$$

$$L^2 = t^2(c^2 - v^2) \Rightarrow t^2 = \frac{L^2}{c^2 - v^2} \Rightarrow t = \frac{L}{\sqrt{c^2 - v^2}} = \frac{L}{c} \frac{1}{\sqrt{1 - \dfrac{v^2}{c^2}}}$$

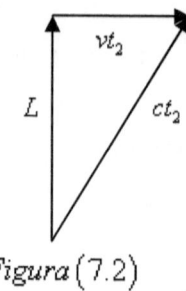

Figura (7.2)

Poiché il tempo impiegato dal raggio nel suo ritorno verso il punto O è lo stesso, il tempo totale t_B è espresso dalla seguente equazione:

$$(7.5) \quad t_B = \frac{2L}{c} \frac{1}{\sqrt{1 - \frac{v^2}{c^2}}}$$

Confrontando le equazioni (7.3) e (7.5) si ottiene che $t_A > t_B$ in quanto risulta $1 - \frac{v^2}{c^2} < \sqrt{1 - \frac{v^2}{c^2}}$. Quindi, se l'esperimento confermasse questo risultato si dovrebbe concludere che la Terra è in moto rispetto all'etere e dal calcolo del ritardo $\Delta t = \left(t_A - t_B \right)$ si potrebbe verificare se la velocità apparente dell'etere rispetto al laboratorio è uguale alla velocità orbitale della Terra, in tal caso l'etere sarebbe in quiete rispetto al sistema di riferimento delle stele fisse. Questo esperimento fu ripetuto più volte, in diverse stagioni e ore del giorno e con diverse orientazioni dell'interferometro rispetto alle stelle fisse, ma non fu mai rilevata alcuna differenza nella velocità di propagazione della luce, proprio come se l'etere non esistesse. Il ritardo del raggio OAO rispetto al raggio OBO è osservabile nel cannocchiale in quanto si formano delle fasce chiare e scure, dette frange di interferenza. Poiché non è possibile ottenere i cammini OA e OB rigorosamente uguali il ritardo potrebbe essere dovuto non tanto alla differenza di velocità dei due raggi ma alla differenza dei loro cammini. Per ovviare a questo inconveniente Michelson faceva ruotare l'interferometro, rispetto ai punti cardinali, molto lentamente e con continuità nel corso dell'esperimento per modo che se la velocità della luce fosse stata diversa si sarebbe dovuto osservare uno spostamento delle frange di interferenza. Questo era il risultato atteso da Michelson che non c'è mai stato. Questi risultati sono comunque stati confermati anche da esperienze più recenti per modo che si possa affermare che l'etere non esiste e la velocità della luce non dipende dal moto della sorgente e dall'osservatore, ovvero essa assume lo stesso valore in tutti i sistemi di riferimento inerziali.

Quest'ultimo risultato è noto come postulato di costanza della velocità della luce.

8. PRINCIPIO DI RELATIVITÀ

I risultati ottenuti dall'esperimento di Michelson evidenziano una contraddizione con la legge di addizione delle velocità e quindi con il principio di relatività galileiano secondo il quale le leggi della meccanica sono invarianti per trasformazioni di Galileo. Nel 1895 Lorentz cercò di superare questa contraddizione ipotizzando che la lunghezza del braccio dell'interferometro, posto parallelamente alla direzione del moto dell'etere, subisse una contrazione tale da compensare esattamente il ritardo previsto dalla legge di addizione delle velocità, mentre il braccio perpendicolare alla direzione del moto dell'etere non subiva alcuna contrazione per modo che i tempi di percorrenza dei percorsi dei due raggi fossero esattamente uguali. Accettare questa ipotesi significava ammettere l'esistenza dell'etere la cui presenza non poteva mai essere rilevata con esperimenti del tipo di Michelson; d'altro canto poiché la contrazione agisce allo stesso modo su tutti i corpi, essa non è direttamente osservabile, per esempio ruotando il braccio dell'interferometro ed il regolo usato per la sua misura, entrambi si contraggono o si allungano nella stessa misura per modo che i loro estemi si trovino sempre in corrispondenza delle stesse tacche fornendo la stessa misura. In conclusione: non è possibile verificare l'esistenza dell'etere nel senso che non è possibile rilevare il suo moto rispetto a qualunque osservatore in quanto esisterà sempre un fenomeno collaterale, come la contrazione delle lunghezze, che neutralizzerà ogni effetto sperimentalmente osservabile. L'ipotesi di Lorentz sembrava aver posto fine alla questione dell'etere fino a quando nel 1905 Albert Einstein pubblicò sulla rivista scentifica **"Annalen der Physik"** un articolo dal titolo **"Elettrodinamica dei** *corpi in movimento".* Con questo articolo Einstein estendeva il principio di relatività galileiano a tutti i fenomeni fisici:

tutti i sistemi inerziali sono equivalenti per la descrizione e spiegazione di tutti i fenomeni fisici

L'estensione del principio di relatività galileiano a tutti i fenomeni fisici impone una modifica alla legge di trasformazione delle coordinate che permetta di superare la contraddizione fra il postulato della costanza della velocità della luce e la legge di addizione delle velocità. Poiché le trasformazioni di Galileo si fondano sul concetto assoluto di tempo e sulla reciprocità del moto e quindi non potendo rinunciare a quest'ultimo in quanto fondamento stesso del principio di relatività, è necessario sottoporre a critica il concetto di tempo assoluto attraverso la definzione di *"simultaneità di due eventi".*

Secondo la meccanica newtoniana l'affermazione: "due eventi sono simultanei" è un'affermazione assoluta; essa non dipende dal sistema di riferimento scelto. Per chiarire il significato di questa affermazione si considerino due eventi simultanei che si verificano in due diverse città: Napoli e Roma *(per esempio l'inzio di due partite di calcio alla stessa ora)* e si supponga di eseguire una verifica della loro simultaneità da una postazione M che si trova nel punto medio di un segmento NR che unisce Napoli con Roma. Se da Napoli e da Roma vengono emessi, verso la postazione di verifica, due brevi segnali nel momento in cui le lancette degli orologi segnano esattamente le ore 20,00 *(ora di inzio della partita di calcio)*, e dalla postazione di verifica si osserva che i due segnali non giungono simultaneamente, sapendo che viaggiano con la stessa velocità, si potrà concludere che gli orologi di Napoli e Roma non sono sincronizzati. Quindi la postazione di verifica potrà inviare simultaneamente due segnali a Napoli e Roma per sincronizzare gli orologi. Inoltre la postazione di verifica, conoscendo la distanza che separa Napoli da Roma e la velocità con cui viaggiano i due segnali, potrà fare in modo che gli orologi di Napoli e Roma non solo risultano sincronizzati fra loro ma anche con essa stessa. In tal modo è possibile definire un tempo universale nel sistema di riferimento S nel quale Napoli Roma e la postazione di verifica sono in quiete.

due eventi sono simultanei se segnali luminosi che partono dai punti A e B in cui hanno luogo, raggiungono il punto medio del segmento AB nello stesso istante

Per vedere come eventi simultanei in un sistema di riferimeto S vengono visti in un sistema di riferimento S' che si muove di moto rettilineo uniforme rispetto ad S, si supponga, come nel caso precedente, che Napoli e Roma inviano i loro segnali verso la postazione di verifica che li riceve nello stesso istante. Per la postazione di verifica solidale con il sistema di riferimento S' *(che si muove da N verso R con velocità u)*, i due segnali procedono con la stessa velocità c, quindi per effetto del moto di S' rispetto ad S il punto in cui i segnali raggiungono la postazione di verifica in S' non coincide con il punto in cui raggiungono la postazione di verifica in S in quanto i due segnali si dovrebbero incontrare due volte in due punti distini è ciò è assurdo. Ciò significa che i due eventi che sono simultanei nel sistema di riferimento S non lo sono in S'. Si osservi che un osservatore in S non ha alcuna ragione per ritenere se stesso in moto e un osservatore in S' fermo. Se i due osservatori si comunicano le loro informazioni allora, per giustificare il disaccordo, faranno ragionamenti simili entrambi validi nei rispettivi sistemi di riferimento. L'osservatore in S afferma che i due eventi sono simultanei, l'osservatore in S' vede prima il segnale inviato da Roma, per il fatto che si muove da Napoli verso Roma *(quindi incontro al segnale)* e poi quello inviato da Napoli, quindi per questo osservatore gli eventi non sono simultanei. La situazione non muta se si scelgono due eventi simultanei rispetto ad un sistema di riferimento S' ma non rispetto ad un sistema di riferimento S. In conclusione i due sistemi di riferimento S e S' sono equivalenti e non ha senso privileggiare l'uno rispetto all'altro, pertanto si può affermare:

eventi che hanno luogo in punti diversi dello spazio e si verificano simultaneamente in un certo sistema di riferimento inerziale, si verificano in istanti diversi in un altro sistema di riferimento inerziale in moto rispetto al primo.

9. TRASFORMAZIONI DI LORENTZ

Siano dati due sistemi di riferimento inerziali S e S' tale che S' si muove rispetto a S con velocità costante u nella direzione XX' *(vedi la figura (9.1))*. Supposto che le origini dei due sistemi coincidono: $t = t' = 0$ e siano x, y, z, t le coordinate spazio temporali di un evento, misurate da un osservatore O solidale con il sistema di riferimento S e x', y', z', t' le coordinate spazio temporali dello stesso evento, misurate da un osservatore O' solidale con il sistema di riferimento S'.

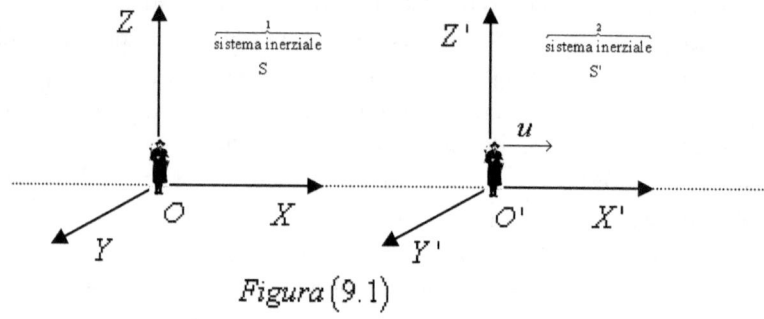

Figura (9.1)

Utilizzando le trasformazioni di Galileo si possono scrivere le seguenti equazioni:

$$x' = x - ut \quad ; \quad y' = y \quad ; \quad z' = z \quad ; \quad t' = t$$

$$(9.1)$$

$$x = x' + ut \quad ; \quad y = y' \quad ; \quad z = z' \quad ; \quad t = t'$$

Queste equazioni sono in accordo con i dati sperimentali fino a quando i valori di velocità con cui simuovono i corpi restano molto più piccoli del valore della velocità della luce. Se un corpo si muove lungo l'asse delle ascisse con velocità c in S, dalle equazioni (9.1) segue che la velocità in S' è $v'_x = c - u$ invece che $v'_x = c$ come richiesto dal postulato di costanza della velocità della luce. Pertanto le trasformazioni di Galileo devono essere modificate conformemente ai postulati di Einstein per modo che le nuove trasformazioni si riducono alle trasformazioni galileiane quando i valori di velocità con cui si muovono i corpi restano molto più piccoli del valore della velocità della luce. A tal fine, si osservi che un punto in quiete nel sistema S' è determinato dalle seguenti equazioni:

$$(9.2) \begin{cases} x' = \text{costante} \\ x - ut = \text{costante} \end{cases}$$

Dividendo membro a membro le equazioni (9.2) si ottiene la seguente equazione:

$$(9.3) \quad x' = A(x - ut)$$

in cui A è una costante da determinarsi. Un punto in quiete nel sistema S è determinato dalle seguenti equazioni:

$$(9.4) \begin{cases} x = \text{costante} \\ x' + ut' = \text{costante} \end{cases}$$

Dividendo membro a membro le equazioni (9.4) si ottiene la seguente equazione:

$$(9.5) \quad x = A(x' + ut')$$

in cui A, per simmetria dei due sistemi di riferimento, è la stessa costante presente nell'equazione (9.3).

Si supponga che un impulso luminoso parte dall'origine dei sistemi di riferimento nell'istante iniziale $t = t' = 0$, l'equazione del fronte d'onda nel sistema S è $x = ct$ e nel sistema S' è $x' = ct'$. Sostituendo questi valori nelle equazioni (9.3) e (9.5) si ottengono le seguenti equazioni:

$$x' = A(x - ut) \Rightarrow ct' = A(ct - ut) = A(c - u)t \Rightarrow$$
$$ct' = A(c - u)t$$

(9.6)

$$x = A(x' + ut') \Rightarrow ct = A(ct' + ut') = A(c + u)t' \Rightarrow$$
$$ct = A(c + u)t'$$

Per determinare il valore di A si possono combinare le equazioni (9.6), così facendo si ottiene il seguente valore:

$$t = \frac{ct'}{A(c-u)} = \frac{A(c+u)t'}{c} \Rightarrow c^2 t' = A^2(c+t)(c - ut')t' \Rightarrow$$

$$c^2 t' = A^2 (c^2 - u^2)t' \Rightarrow A^2 = \frac{c^2}{c^2 - u^2} = \frac{1}{1 - \dfrac{u^2}{c^2}} \Rightarrow$$

$$A = \frac{1}{\sqrt{1 - \dfrac{u^2}{c^2}}}$$

Pertanto le equazioni (9.3) e (9.5) diventano:

$$x' = A(x - ut) = \frac{1}{\sqrt{1 - \dfrac{u^2}{c^2}}}(x - ut) \Rightarrow \quad x' = \frac{x - ut}{\sqrt{1 - \dfrac{u^2}{c^2}}}$$

(9.7)

$$x = A(x' + ut') = \frac{1}{\sqrt{1 - \dfrac{u^2}{c^2}}}(x' - ut') \Rightarrow \quad x = \frac{x' + ut'}{\sqrt{1 - \dfrac{u^2}{c^2}}}$$

Per determinare la trasformazione temporale, si possono combinare le equazioni (9.3) e (9.5), così facendo si ottiene la seguente equazione:

$$(9.8) \quad x = A\left[A(x - ut) + ut'\right]$$

Sviluppando questa equazione si ha:

$$\frac{x}{A} = Ax - Aut + ut' \Rightarrow Aut = Ax - \frac{x}{A} + ut' \Rightarrow$$

$$Aut = x\left(A - \frac{1}{A}\right) + ut' \Rightarrow Aut = x\left(\frac{A^2 - 1}{A}\right) + ut' \Rightarrow$$

$$Aut = x\left(\frac{1 - \frac{u^2}{c^2} - 1}{\sqrt{1 - \frac{u^2}{c^2}}}\right) + ut' \Rightarrow$$

$$At = \left(\frac{-\frac{u}{c^2}x}{\sqrt{1 - \frac{u^2}{c^2}}}\right) + t' \Rightarrow$$

$$t' = \frac{t}{\sqrt{1 - \frac{u^2}{c^2}}} - \frac{-\frac{u}{c^2}x}{\sqrt{1 - \frac{u^2}{c^2}}} \Rightarrow$$

$$t' = \frac{t - \frac{u}{c^2}x}{\sqrt{1 - \frac{u^2}{c^2}}}$$

Procedendo in modo simmetrico si ha:

$$t = \frac{t' + \dfrac{u}{c^2} x'}{\sqrt{1 - \dfrac{u^2}{c^2}}}$$

Pertanto, riscrivendo in modo compatto le trasformazioni di Lorentz si ottengono le seguenti equazioni:

$$(9.9) \begin{cases} x = \dfrac{x' + ut'}{\sqrt{1 - \dfrac{u^2}{c^2}}} \quad ; \quad y = y' \quad ; \quad z = z' \quad ; \quad t = \dfrac{t' + \dfrac{u}{c^2} x'}{\sqrt{1 - \dfrac{u^2}{c^2}}} \\[4em] x' = \dfrac{x - ut}{\sqrt{1 - \dfrac{u^2}{c^2}}} \quad ; \quad y' = y \quad ; \quad z' = z \quad ; \quad t' = \dfrac{t - \dfrac{u}{c^2} x}{\sqrt{1 - \dfrac{u^2}{c^2}}} \end{cases}$$

Prima che Einstein formulasse la sua Teoria della Relatività, Lorentz aveva dimostrato che le equazioni di Maxwell erano invarianti secondo le trasformazioni (9.9) da cui si nota che $t \neq t'$. Su questa differenza Lorentz non indagò e si limitò semplicemente a dire che t' dovesse essere chiamato " tempo locale". Diversamente per Einstein, che aveva mostrato la relatività del concetto di simultaneità, la differenza $t \neq t'$ rappresentava la negazione del concetto di tempo assoluto. Una conseguenza immediate dalle trasformazioni (9.9) è che qualunque corpo nel suo moto non può superare la velocità della luce $\left(c = 3 \cdot 10^5 \dfrac{km}{s} \right)$ in quanto se fosse $v > c$ il radicando $1 - \dfrac{u^2}{c^2}$ risulterebbe negativo e pertanto le radici $\sqrt{1 - \dfrac{u^2}{c^2}}$ risulterebbero immaginarie. Diversamente, per $v \ll c$ il rapporto $\dfrac{u^2}{c^2} \to 0$ tende a zero e $\sqrt{1-\dfrac{u^2}{c^2}} \to 1$ per modo che le trasformazioni di Lorentz si riducono alle trasformazioni di Galileo. Detto ciò, è naturale attendersi che nei fenomeni in cui le velocità dei corpi in movimento sono confrontabili con la velocità della luce, compaiono effetti del tutto sconosciuti alla fisica newtoniana come quelli che vengono trattati nei paragrafi successivi.

10. DILATAZIONE DEI TEMPI E CONTRAZIONE DELLE LUNGHEZZE

Si supponga che un osservatore O', solidale con il sistema S', osserva un evento che si verifichi in un punto fisso dello spazio con coordinate: x', y', z' e misura un tempo inziale t'_A e un tempo finale t'_B, quindi la durata $\Delta t'$ del fenomeno è data dalla seguente equazione:

$$(10.1) \quad \Delta t' = t'_B - t'_A$$

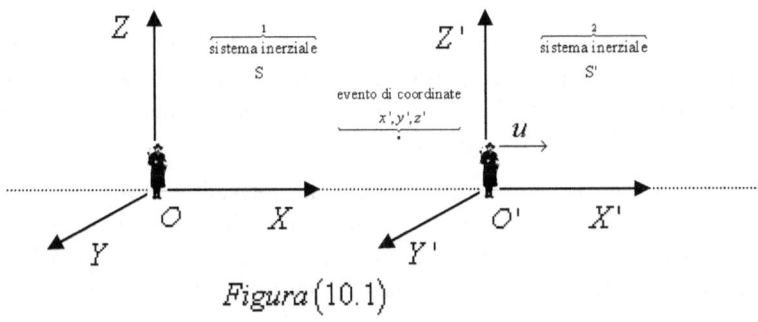

Figura (10.1)

Un osservatore O, solidale con il sistema S, che osserva lo stesso fenomeno misurerà un tempo inziale $t_A = \dfrac{t'_A + \dfrac{u}{c^2} x'}{\sqrt{1-\dfrac{u^2}{c^2}}}$ e un tempo

43

finale $t_B = \dfrac{t'_B + \dfrac{u}{c^2} x'}{\sqrt{1 - \dfrac{u^2}{c^2}}}$ quindi per l'osservatore O la durata del

fenomeno è:

$$\Delta t = t_B - t_A = \frac{t'_B + \dfrac{u}{c^2} x'}{\sqrt{1 - \dfrac{u^2}{c^2}}} - \frac{t'_A + \dfrac{u}{c^2} x'}{\sqrt{1 - \dfrac{u^2}{c^2}}} = \frac{t'_B - t'_A}{\sqrt{1 - \dfrac{u^2}{c^2}}} \Rightarrow$$

$$(10.2) \quad \Delta t = \frac{\Delta t'}{\sqrt{1 - \dfrac{u^2}{c^2}}}$$

e risulta dilatata di un fattore $\dfrac{1}{\sqrt{1 - \dfrac{u^2}{c^2}}}$ rispetto alla durata misurata

dall'osservatore O'. In particolare, la durata di un fenomeno assume il valore minimo in quel particolare sistema di riferimento in cui il fenomeno è in quiete. Il tempo misurato in tale sistema di riferimento è detto *"tempo proprio"* per quel fenomeno.

Si osservi che i risultati della misura di intervalli temporali e spaziali non dipendono né dal tipo di eventi considerati né dagli strumenti di misura utilizzati. Pertanto, nello studio di fenomeni che riguardano la relatività risulta conveniente utilizzare impulsi di luce. Per esempio, se l'osservatore O' fermo nel sistema di riferimento S' ad una distanza d da uno specchio *(vedi la figura (10.2))*, invia un impulso di luce sullo specchio e misura l'intervallo di tempo $\Delta t'$ tra l'impulso di partenza e quello di arrivo, si avrà:

$$(10.3) \quad \Delta t' = 2\frac{d}{c}$$

Si consideri ora la misura dal punto di vista dell'osservatore O, egli vede muovere lo specchio verso destra con velocità u e i due eventi *(impulso di partenza e impulso di arrivo)* hanno luogo in punti diversi dello spazio x_A e x_B nel sistema S in quanto nell'intervallo di tempo Δt *(misurato in S)* che intercorre tra i due eventi, l'osservatore O' ha percorso una distanza orizzontale $u\Delta t$ e pertanto, il percorso compiuto dalla luce risulta più lungo in S che in S'. Quindi, poiché la luce viaggia con la stessa velocità c in tutti i sistemi di riferimento, impiega più tempo nel sistema S a percorrere il viaggio andata e ritorno, ne consegue che $\Delta t > \Delta t'$.

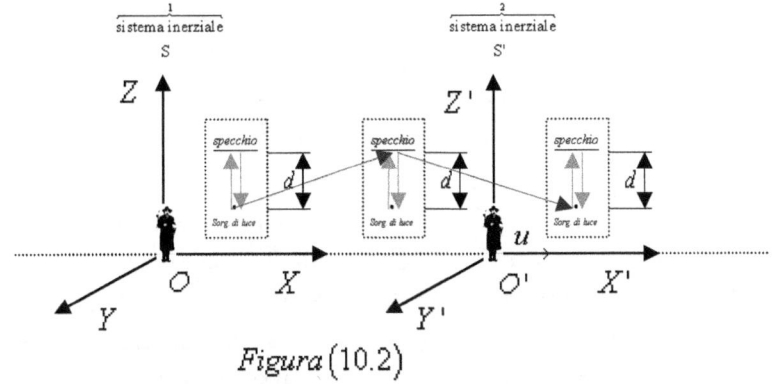

Figura (10.2)

Si può facilmente calcolare l'intervallo di tempo Δt in funzione di $\Delta t'$ osservando la figura (10.3)

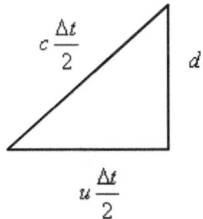

Figura (10.3)

Scrivendo il teorema di Pitagora per il triangolo rettangolo della figura (10.3) si ottiene.

$$\left(\frac{c\Delta t}{2}\right)^2 = d^2 + \left(\frac{u\Delta t}{2}\right)^2 \Rightarrow \frac{c^2\left(\Delta t\right)^2}{4} = d^2 + \frac{u^2\left(\Delta t\right)^2}{4} \Rightarrow$$

$$c^2\left(\Delta t\right)^2 = 4d^2 + u^2\left(\Delta t\right)^2 \Rightarrow \left(\Delta t\right)^2\left(c^2 - u^2\right) = 4d^2 \Rightarrow$$

$$\left(\Delta t\right)^2 = \frac{4d^2}{\left(c^2 - u^2\right)} \Rightarrow \Delta t = \frac{\dfrac{2d}{c}}{\sqrt{1 - \dfrac{u^2}{c^2}}} \Rightarrow$$

$$(10.4) \qquad \Delta t = \frac{\Delta t'}{\sqrt{1 - \dfrac{u^2}{c^2}}}$$

Da questo risultato un osservatore nel sistema S potrebbe affermare che l'orologio dell'osservatore O' ritarda in quanto egli sostiene che l'intervallo di tempo fra questi eventi è più breve.

Con considerazioni analoghe a quelle svolte sopra, è possibile confrontare la lunghezza di un'asta rigida in quiete nel sistema S' e in moto lunga la direzione XX' *(vedi la figura (10.1)* rispetto al sistema S. La lunghezza dell'asta misurata dall'osservatore O' in S' è:

$$(10.5) \quad \Delta l' = x'_B - x'_A$$

in cui x'_B e x'_A sono gli estremi dell'asta.

Nel sistema S la lunghezza dell'asta è espressa da un'equazione analoga alla (10.5):

$$(10.6) \quad \Delta l = x_B - x_A$$

a cui bisogna aggiungere la seguente condizione:

$$(10.7) \quad t_A = t_B = t$$

dalla quale risulta che la lettura delle coordinate degli estremi dell'asta x_A e x_B deve essere eseguita simultaneamente per entrambi gli estremi, diversamente si otterrebbe un risultato errato in quanto l'asta non è ferma in S. Utilizzando le trasformazioni di Lorentz date dalle equazioni (9.9) si possono scrivere le seguenti equazioni:

$$ x'_A = \frac{x_A - ut}{\sqrt{1 - \dfrac{u^2}{c^2}}} \quad ; \quad x'_B = \frac{x_B - ut}{\sqrt{1 - \dfrac{u^2}{c^2}}} $$

da cui segue:

$$ x'_B - x'_A = \frac{x_B - x_A}{\sqrt{1 - \dfrac{u^2}{c^2}}} \quad \Rightarrow \quad (10.8) \quad \Delta l = \Delta l' \sqrt{1 - \frac{u^2}{c^2}} $$

dalla quale si deduce che la lunghezza di un'asta in moto lunga la direzione XX' risulta contratta di un fattore $\sqrt{1 - \dfrac{u^2}{c^2}}$ rispetto alla alla sua stessa lunghezza misurata in quiete. Una verifica di quanto è stato detto finora può essere eseguita considerando la radiazione cosmica. Questa radiazione emette particelle ad altissima energia dell'ordine di $10^{15} eV$ che generano, nell'alta atmosfera, attraverso processi molto complessi, delle particelle secondarie instabili chiamate "*mesoni μ o muoni*". Un muone si identifica con le seguenti caratteristiche:

- carica elettrica $e = \pm 1.6 \cdot 10^{-19} C$

- massa $m = 208$ masse elettroniche

- periodo di dimezzamento $\tau_\mu = 2.1 \cdot 10^{-6} s$

Soffermandosi su quest'ultima caratteristica si può dire, per esempio, che se nell'istante $t = 0$ sono presenti 1000 muoni al tempo $t = \tau = 2.10 \cdot 10^{-6} s$ la metà di essi si è disintegrata e quindi ne restano solo 500, al tempo $t = 2\tau$ ne restano 250 e così via secondo il grafico della figura (10.3). Ora si supponga che un certo apparecchio, situato alla quota $h_1 = 6300m$ sopra il livello del mare, registri il passaggio di un insieme di muoni ad una velocità molto prossima a quella della luce nel vuoto e al ritmo di $N_0 = 1000 \dfrac{muoni}{ora}$. Orbene, si porti lo stesso apparecchio di registrazione alla quota $h_2 = 0m$ a livello del mare e si registri con quale ritmo arrivano i muoni a questa quota.

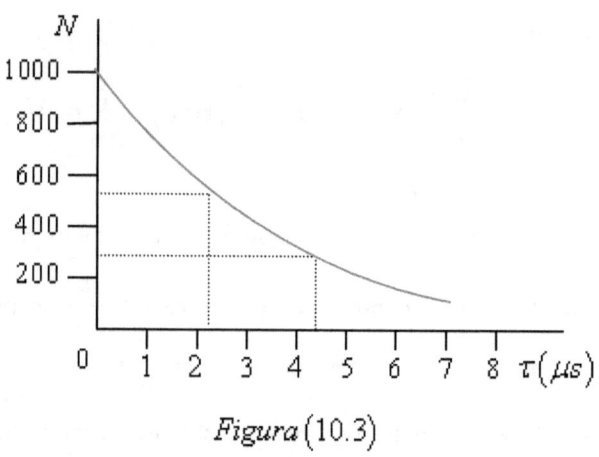

$$Figura\,(10.3)$$

Dal punto di vista della meccanica newtoniana si ha che il tempo t impiegato dai muoni per andare dalla quota h_1 alla quota h_2 è dato dalla seguente equazione:

$$(10.8) \qquad t = \frac{h_1 - h_2}{c} = \frac{6300m}{3 \cdot 10^8 \dfrac{m}{s}} = 2.1 \cdot 10^{-5} s = 21 \mu s$$

Essendo il tempo di dimezzamento $2.1 \mu s$ occorrono dieci tempi di dimezzamento per portarsi dalla quota $h_1 = 6300m$ alla quota $h_2 = 0m$. Durante questo cammino i muoni di dimezzano riducendosi in tutto di $2^{10} = 1024 \simeq 10^3$ volte, di conseguenza alla quota $h_2 = 0m$ l'apparecchio registrerà in media:

$$(10.9) \quad N_{newtoniano} = \frac{N_0}{2^{10}} \simeq \frac{10^3}{10^3} = 1 \frac{muone}{ora}$$

Dal punto di vista della fisica relativistica il decadimento dei muoni si comporta come un orologio im moto verso la Terra, quindi il suo ritmo, misurato con apparecchiature solidale con la Terra, deve risultare rallentato di un fattore $\sqrt{1 - \frac{u^2}{c^2}}$. All'intervallo di tempo $\Delta t'$ misurato nel sistema di riferimento S' in cui i muoni sono in quiete, corrisponde , secondo le misure eseguite nel sistema di riferimento S solidale con la Terra, un intervallo di tempo Δt dato dalla seguente equazione:

$$(10.10) \quad \Delta t = \frac{\Delta t'}{\sqrt{1 - \frac{u^2}{c^2}}}$$

che rappresenta il periodo di dimezzamento dei muoni misurato dal sistema terrestre. Quindi a Terra giungeranno più muoni di quelli previsti dall'equazione (10.9). Nell'ipotesi che sia $u = 0.995c$ risulta dall'equazione (10.10):

$$\Delta t = \frac{\Delta t'}{\sqrt{1 - \frac{u^2}{c^2}}} = \frac{\Delta t'}{\sqrt{1 - \frac{(0.995)^2 c^2}{c^2}}} = \frac{\Delta t'}{\sqrt{1 - (0.995)^2}} = \frac{\Delta t'}{\sqrt{1 - (0.995)^2}} \Rightarrow$$

$$\Delta t = \frac{\Delta t'}{\sqrt{0.99875}} \simeq \frac{\Delta t'}{\sqrt{10^{-2}}} = 10\Delta t' = 10 \cdot 2.1 \mu s = 21 \mu s$$

Di conseguenza il tempo di discesa fornito dall'equazione (10.8) rappresenta solo un *periodo terrestre* invece che 10 periodi dei muoni. Quindi il numero dei muoni che giungeranno a Terra sono:

$$(10.11) \quad N_{relativistico} = \frac{N_0}{2} \simeq \frac{10^3}{2} = 500 \frac{muone}{ora}$$

Queste conclusioni, date solo schematicamente qui, sono state verificate sperimentalmente nel 1941 da B.Rossi e D.B. Hall.

Considerando i mesoni π o pioni, che vengono prodotti nelle reazioni nucleari, il loro periodo di dimezzamento è $\tau_\pi = 2.6 \cdot 10^{-8} s$, supponendo che si muovono con una velocità $u = 0.75c$, come nel caso dei pioni che si ottengono nel ciclotrone, secondo la fisica newtoniana la distanza media che essi percorrono prima di decadere è data dalla seguente equazione:

$$l_\tau = u\tau_\pi = 0.75c \cdot 2.6 \cdot 10^{-8} \Rightarrow$$

(10.12)

$$l_\tau = 0.75 \cdot 3 \cdot 10^8 \frac{m}{s} \cdot 2.6 \cdot 10^{-8} s = 5.85m$$

Nella realtà sperimentale si trova invece una distanza media pari a **8.5m** questa differenza è data dalla diltazione relativistica dei tempi. Infatti se τ_π rappresenta il periodo di dimezzamento dei pioni a riposo, il periodo di dimezzamento τ_{lab} quando vengono osservati nel laboratorio e dotati di velocità $u = 0.75c$ è dato dalla seguente equazione:

$$\tau_{lab} = \frac{\tau_\pi}{\sqrt{1 - \frac{u^2}{c^2}}} = \frac{2.6 \cdot 10^{-8}}{\sqrt{1 - \frac{(0.75)^2 c^2}{c^2}}} = \frac{2.6 \cdot 10^{-8}}{\sqrt{1 - (0.75)^2}} \Rightarrow$$

$$(10.13) \quad \tau_{lab} = 3.9 \cdot 10^{-8} s$$

Pertanto la distanza media percorsa prima di disintegrarsi è:

$$\left(10.14\right) \quad l_{lab} = u\tau_{lab} = 0.75c \cdot 3.9 \cdot 10^{-8} \Rightarrow$$

$$l_\tau = 0.75 \cdot 3 \cdot 10^8 \frac{m}{s} \cdot 3.9 \cdot 10^{-8} s = 8.77m$$

in accordo con i risultati sperimentali.

Ora si supponga che un pione prima di decadere lasci una traccia del suo percorso negli strumenti di misura del laboratorio e che un osservatore solidale col pione voglia misurare la lunghezza di questa traccia. In tal caso, l'osservatore vede muovere il laboratorio con una velocità $u = 0.75c$ e pertanto le lunghezze di tutti gli oggetti che si trovano nel laboratorio gli appariranno contratte, in particolare la lunghezza della traccia osservata dal sistema di riferimento solidale col pione risulterà data dalla seguente equazione:

$$(10.15) \quad l_\pi = l_{lab}\sqrt{1 - \frac{u^2}{c^2}} = 8.77 \cdot \sqrt{1 - \left(0.75\right)^2} = 5.85m$$

Questo risultato è identico a quello ottenuto secondo il punto di vista newtoniano dato dall'equazione (10.12).

La dilatazione dei tempi e la contrazione delle lunghezze sono fenomeni strettamente correlati come si può dedurre dagli argomenti trattati. Tuttavia è possibile mettere in evidenza questa correlazione anche analiticamente considerando, per esempio, due eventi che si verificano in due punti A e B dello spazio rispettivamente negli istanti t_A e t_B rispetto ad un osservatore O solidale con un sistema di riferimento inerziale S. Questo osservatore misurerà una distanza spaziale Δl e un intervallo Δt. Un osservatore O' solidale con un sistema di riferimento S' in moto rettilineo uniforme nella direzione XX' rispetto ad S e con l'origine $t = t' = 0$ *(vedi la figura (10.1))* misurerà una distanza spaziale $\Delta l'$ e un intervallo $\Delta t'$ per gli stessi eventi. Utilizzando le trasformazioni di Lorentz si possono scrivere le seguenti equazioni:

$$(10.16)\ \Delta l' = x'_B - x'_A = \frac{(\Delta l - u\Delta t)}{\sqrt{1 - \dfrac{u^2}{c^2}}} \quad ; \quad \Delta t' = t'_B - t'_A = \frac{\left(\Delta t - \dfrac{u}{c^2}\Delta t\right)}{\sqrt{1 - \dfrac{u^2}{c^2}}}$$

elevando al quadrato queste due espressioni si ottengono le seguenti equazioni:

$$\left(\Delta l'\right)^2 = \frac{1}{1 - \dfrac{u^2}{c^2}}\left[\left(\Delta l\right)^2 - 2u\Delta l\Delta t + u^2\left(\Delta t\right)^2\right]$$

$$\left(\Delta t'\right)^2 = \frac{1}{1 - \dfrac{u^2}{c^2}}\left[\left(\Delta t\right)^2 - 2\frac{u}{c^2}\Delta l\Delta t + \frac{u^2}{c^4}\left(\Delta l\right)^2\right]$$

Moltiplicando per c^2 e sottraendo membro a membro si ottiene la seguente equazione:

$$(10.17) \qquad \left(\Delta l'\right)^2 - c^2\left(\Delta t'\right)^2 = \left(\Delta l\right)^2 - c^2\left(\Delta t\right)^2$$

dalla quale si vede che, per quanto gli intervalli spaziali e temporali assumono valori diversi nei vari sistemi riferimento, esiste una loro combinazione, espressa dall'equazione (10.17), che risulta essere invariante rispetto alla trasformazione di Lorentz.

11. LO SPAZIO TEMPO DI MINKOWSKI

È stato già fatto osservare che nella meccanica newtoniana il tempo è un assoluto, ciò vuol dire che per determinare la posizione di un corpo, per esempio di un punto materiale, occorre e basta la conoscenza delle tre coordinate spaziali istante per istante:

$$x = x(t) \ ; y = y(t) \ ; z = z(t)$$

Questo problema è intrisicamente tridimensionale, diversamente nella fisica relativistica, poiché il tempo non è assoluto e dipende dallo stato di moto dell'osservatore, non basta la conoscenza delle sole coordinate spaziali in un dato sistema inerziale, ma si deve anche conoscere il tempo misurato da un orologio che si trovi nello stesso punto di coordinate dello stesso riferimento inerziale. Allora, mentre la fisica newtoniana è tridimensionale la fisica relativistica è quadridimensionale, ciò significa che sono necessarie tre coordinate spaziali e una coordinata temporale per determinare lo stato di moto di un corpo *(punto materiale)*. Così facendo si introduce il *quadrivettore spazio tempo* determinato da tre componenti spaziali e una componente temporale. A questo punto è conveniente osservare che nella fisica newtoniana si hanno due diverse unità di misura: il *metro* per le coordinate spaziali e il *secondo* per il tempo, nella fisica relativistica, come si è visto con le trasformazioni di Lorentz, le coordinate spaziali e la coordinata temporale si combinano insieme e ciò induce a definire una stessa unità di misura sia per le coordinate spaziali che per le coordinata temporale. Con questa scelta le trasformazioni di Lorentz risultano totalmente simmetriche sia per la variabile spaziale che per quella temporale. Usando come unità di misura del tempo il *metro-luce,* che corrisponde al tempo impiegato dalla luce nel vuoto per percorrere una distanza di un metro, si ha che, se t è espresso in secondi, il corrispondente metro luce è:

$$\tau = ct \quad (\ ct = 3 \cdot 10^8 \frac{m}{s} \cdot 1s = 3 \cdot 10^8 \ metro - luce \ )$$

Con questo tempo, espresso in *metri-luce,* la velocità $v = \dfrac{dx}{d\tau}$ di un corpo risulta un numero puro in quanto dx e $d\tau$ hanno le stesse dimensioni, in particolare si ha:

$$v = \frac{dx}{d\tau} = \frac{dx}{dct} = \frac{1}{c}\frac{dx}{dt} = \frac{u}{c}$$

in questa nuova unità di misura la velocità della luce vale $1 : \left(\dfrac{c}{c} = 1 \right)$.

Se si vuole ottenere la forma delle equazioni di Lorentz con il tempo misurato in metri-luce è sufficiente sostituire in esse al posto di t il tempo τ $\left(\ \tau = ct\ \right)$, e al posto di c il valore $c = 1$. Così facendo si ottengono le seguenti equazioni:

$$(11.1) \begin{cases} x = \gamma\left(x' + u\tau'\right) \ ; \ \ y = y' \ \ ; \ \ z = z' \ \ ; \ \ \ \ \ \ \tau = \gamma\left(\tau' + ux'\right) \\ x' = \gamma\left(x - u\tau\right) \ ; \ \ y' = y \ \ ; \ \ z' = z \ \ ; \ \ \ \ \ \ \tau' = \gamma\left(\tau - ux\right) \end{cases}$$

in cui si è posto: $\sqrt{1 - \dfrac{u^2}{c^2}} = \sqrt{1 - u^2} = \gamma$ e $\dfrac{u}{c} = u = \beta$.

Inversamente, per ritornare alle relazioni scritte nelle solite unità di misura, basterà sostituire al posto di τ il valore ct e al posto di u il valore $\dfrac{u}{c} = \beta$. Per descrivere il comportamento dei corpi nello spazio-tempo quadridimensionale *(spazio-tempo di Minkowski)* bisogna riportare, in un sistema di riferimento inerziale, le quattro coordinate $\left(x, y, z, \tau\right)$ che individuano la posizione istantanea. Per risolvere questo problema graficamente sono necessari quattro assi cartesiani; tre per le componenti spaziali e una per la componente temporale. Ovviamente, una tale rappresentazione grafica risulta impossibile perchè, al più, si possono fare grafici in tre dimensioni. Ad ogni modo, nel caso delle trasformazioni di Lorentz descritte dalle equazioni (9.9), le coordinate y e z non cambiano da riferimento a riferimento quindi, è sufficiente studiare come cambiano le coordinate x e τ. Così facendo, si ottiene un grafico con due soli assi ortogonali di cui uno è l'asse delle ascisse X corrispondente alla coordinata x lungo la direzione di moto relativo, l'altro è l'asse delle ordinate τ corrispondente alla coordinata temporale τ espressa in metri-luce *(vedi la figura (11.1))*.

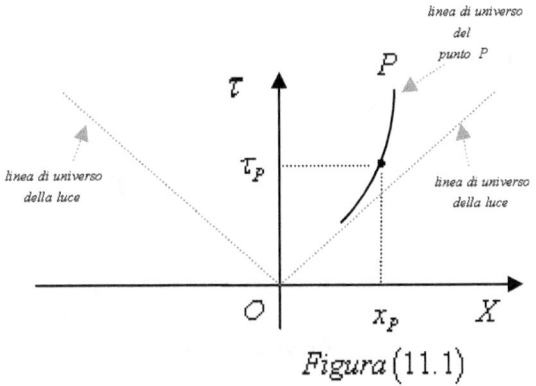

Figura (11.1)

Ora, si supponga che un impulso di luce viaggi lungo l'asse X e al tempo $\tau = 0$ si trovi nella posizione $x = 0$. Nelle unità di misura adottate si ha $c = 1$ e di conseguenza è $x = c\tau = \tau$ quindi, (*vedi la figura (11.1)*) al variare del tempo τ, il punto rappresentativo dell'impulso luminoso si muove su una retta con coefficiente angolare $+1$. Se, invece, l'impulso si muove nel verso negativo dell'asse X, l'equazione del moto diventa $x = -c\tau = -\tau$ e, quindi, il moto dell'impulso di luce è rappresentato dalla retta con coefficiente angolare -1. Nello stesso modo, il moto di un corpo è rappresentato da una curva $x = x(\tau)$ che viene detta linea di universo del corpo. La pendenza della tangente alla curva rispetto all'asse dei tempi, nel punto

di coordinate $\left(\tau_p, x_p \right)$, rappresenta la velocità $v = \dfrac{dx}{d\tau}$ del corpo

all'istante $\tau = \tau_p$. Si osservi che la velocità $v = 1$ corrisponde alla velocità della luce e che questa velocità non può essere raggiunta da nessun corpo materiale, pertanto si deduce che la pendenza di qualunque curva di universo (*rispetto all'asse dei tempi*) non può superare in modulo il valore 1 e ciò implica che il modulo dell'angolo θ formato fra la tangente alla curva e l'asse delle ordinate non può superare $45\,°$. Nel caso si voglia passare da un sistema di riferimento S ad un Sistema di riferimento S' che si muove con velocità costante u nella direzione XX' (*vedi la figura (11.2)*) si osservi che, nel sistema S, tutti i punti appartenenti all'asse delle ascisse hanno equazione: $\tau = 0$ e tutti i punti appartenenti all'asse dei tempi hanno equazioni $x = 0$, così anche nel sistema di riferimento S' tutti i punti appartenenti all'asse delle ascisse hanno equazione: $\tau' = 0$ e tutti i punti appartenenti all'asse dei tempi hanno equazioni $x' = 0$.

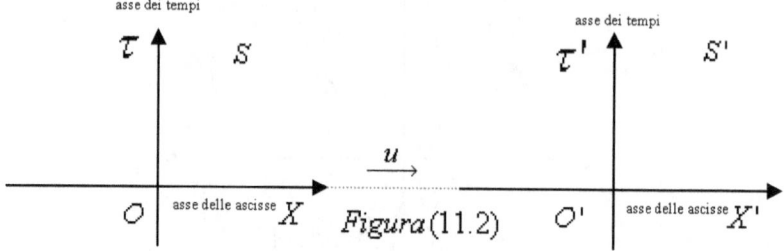

Figura (11.2)

Ponendo nell'equazione: $x' = \gamma(x - u\tau)$ $x' = 0$ si ottiene:

$$(11.2) \qquad 0 = \gamma(x - u\tau) \Rightarrow x = u\tau \Rightarrow \tau = \frac{1}{u}x$$

Nello spazio $X - \tau$ l'equazione (11.2) rappresenta l'equazione di una retta di coefficiente angolare $\dfrac{1}{u}$ $\left(\left|\dfrac{1}{u}\right| > 1\right)$ *(vedi la figura (11.3))*.

Ponendo nell'quazione $\tau' = \gamma(\tau - ux)$ $\tau' = 0$ si ottiene:

$$(11.3) \qquad 0 = \gamma(\tau - ux) \Rightarrow \tau = ux$$

Nello spazio $X - \tau$ l'equazione (11.3) rappresenta l'equazione di una retta di coefficient angolare u $\left(\left|u\right| < 1\right)$ *(vedi la figura (11.3))*.

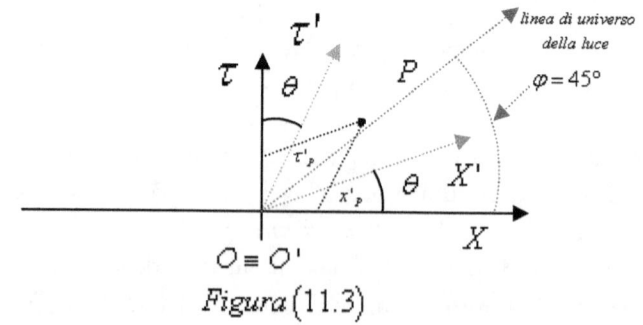

Figura (11.3)

Si noti la simmetria della trasformazione: l'angolo θ, formato dall'asse τ' con l'asse τ, è uguale a quello formato dall'asse X' con l'asse X inoltre, all'aumentare della velocità verso il valore limite $u = 1$ i due assi tendono ad avvicinarsi sempre più alla linea di universo della luce.

Per determinare graficamente il valore delle coordinate τ' e x' del punto P nel sistema di riferimento S' si utilizza la seguente procedura:

- per la coordinata x' è sufficiente tracciare la retta che passa per il punto P e che è parallela all'asse dei tempi. Tutti i punti di tale retta corrispondono allo stesso valore della x'. Dunque l'intercetta di questa retta con l'asse delle ascisse fornisce il valore dell'ascissa del punto P.

- per la coordinate temporale τ' è sufficiente tracciare la retta che passa per il punto P e che è parallela all'asse delle ascisse. Tutti i punti di tale retta corrispondono allo stesso valore di τ'. Dunque l'intercetta di questa retta con l'asse dei tempi fornisce il valore dell'ordinata del punto P.

Si osservi che tutti i punti che hanno lo stesso valore di τ' sono i punti che soddisfano l'equazione: $\tau' = \gamma(\tau - ux)$ con $\tau' = \text{cost}$ cioè:

$$(11.4) \qquad \tau' = \gamma(\tau - ux) = \gamma\tau - \gamma ux \Rightarrow \tau = ux + \frac{\tau'}{\gamma}$$

L'equazione (11.4) rappresenta la retta di coefficiente angolare u rispetto all'asse X e parallela all'asse X' intercettando l'asse temporale τ nel punto di coordinate $\left(0, \dfrac{\tau'}{\gamma}\right)$ *(vedi la figura (11.4))*. Tutti i punti che hanno lo stesso valore x' sono i punti che soddisfano l'equazione:

con $x' = \text{cost}$ cioè:

$$(11.5) \qquad x' = \gamma(x - u\tau) = \gamma x - \gamma u\tau \Rightarrow x = u\tau + \frac{x'}{\gamma}$$

L'equazione (11.5) rappresenta la retta di coefficiente angolare u rispetto all'asse temporale τ e parallela all'asse temporale τ' intercettando l'asse delle ascisse X nel punto di coordinate $\left(0, \dfrac{x'}{\gamma}\right)$

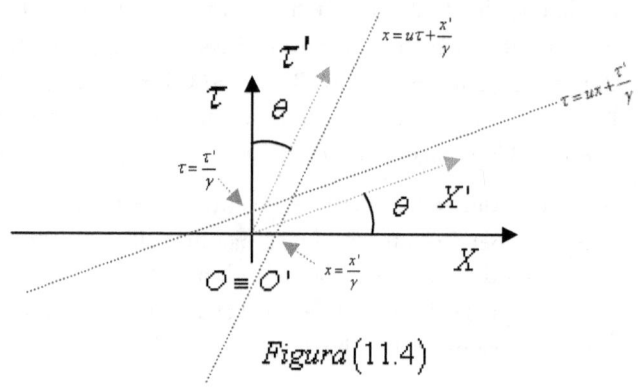

Figura (11.4)

Ponendo nell'equazione (11.4) $x = 0$, $\tau' = 1$, $\gamma = 2$ l'asse temporale τ viene intercettato nel punto di coordinate $\left(0, \dfrac{1}{2}\right) = (0, 0.5)$ e l'asse temporale τ' nel punto di coordinate $(0, 1)$. La posizione dell'unità di misura $\tau' = 1m$ sull'asse τ' si trova, quindi, tracciando una retta parallela all'asse X' che parte dal punto $\tau = \dfrac{\tau'}{\gamma} = 0.5$ sull'asse τ.

L'intercetta di questa retta con l'asse τ' fornisce l'unità di misura cercata. Una volta trovata la posizione del punto $\tau' = 1m$ sull'asse τ', cioè l'unità di misura sull'asse τ', i punti dell'asse corrispondenti a $\tau' = 2m, \tau' = 3m, \ldots\ldots$ si trovano immediatamente disegnando punti equispaziati sull'asse τ' *(vedi la figura (11.5).*

Ponendo nell'equazione (11.5) $x'=1$, $\tau=0$, $\gamma=2$ l'asse delle ascisse

X viene intercettato nel punto di coordinate $\left(0,\dfrac{1}{2}\right)=(0,0.5)$ e l'asse

delle ascisse X' nel punto di coordinate $(0,1)$. La posizione dell'unità di misura $x'=1m$ sull'asse X' si trova, quindi, tracciando una retta parallela all'asse τ' che parte dal punto

$x=\dfrac{x'}{\gamma}=0.5$ sull'asse X. L'intercetta di questa retta con l'asse X'

fornisce l'unità di misura cercata. Una volta trovata la posizione del punto $x'=1m$ sull'asse X', cioè l'unità di misura sull'asse X', i punti dell'asse corrispondenti a $x'=2m, x'=3m,\ldots\ldots$ si trovano immediatamente disegnando punti equispaziati sull'asse X' *(vedi la figura (11.5)*.

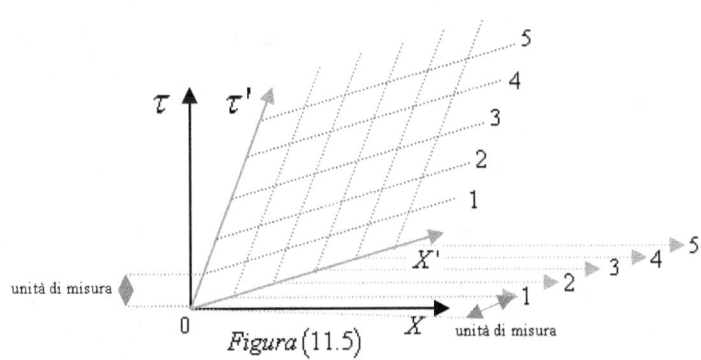

Figura (11.5)

Ora si consideri un sistema di assi X,τ nello spazio-tempo di Minkowski e si traccino le linee di universo di due segnali di luce passanti per l'origine del sistema *(vedi la figura (11.6))*. Le line di universo dividono lo spazio-tempo in tre regioni: *futuro – passato – altrove.*

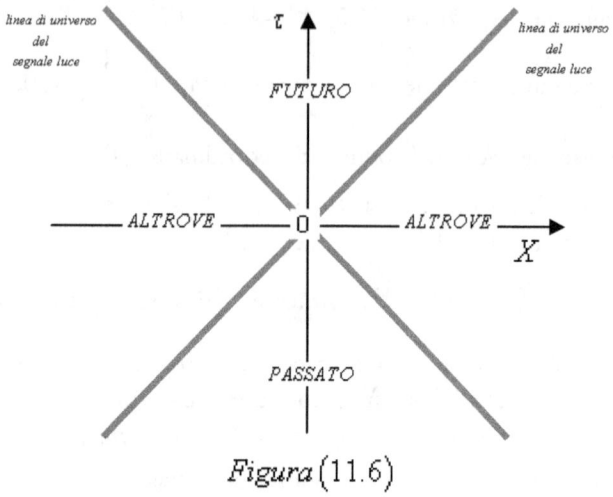

$$Figura\,(11.6)$$

Le prime due zone *(futuro e passato)* contengono tutti gli eventi che possono essere collegati con l'origine attraverso una linea di universo così, un segnale che parte da un qualsiasi punto del passato può raggiungere l'origine e un segnale che parte dall'origine può raggiungere un qualsiasi punto del futuro. Ponendosi nell'origine degli assi, che corrisponde al fatto di porsi in un certo luogo e ad un certo istante, si osserva che il passato corrisponde all'insieme di quegli eventi che hanno potuto interagire con noi e che hanno determinate la nostra condizione presente, mentre il futuro corrisponde all'insieme di quegli eventi con i quali si può interagire e avere una qualche influenza su di essi. La terza zona *(altrove)* contiene tutti gli eventi che non possono essere connessi con l'origine attraverso una qualsiasi linea di universo. Infatti, una qualsiasi interazione che colleghi un punto della zona *altrove* con l'origine dovrebbe viaggiare con una velocità maggiore di quella della luce. Ciò implica che che tra un evento posto nell'origiene e un qualsiasi evento della zona *altrove* non può mai esserci una relazione di causa-effetto. Sia A un evento che corrisponda all'origine del sistema S e B un evento qualsiasi, se B appartiene al passato o al futuro esiste sempre un sistema S' in cui A e B si verificano nello stesso luogo, ovvero hanno la stessa coordinate spaziale *(vedi la figura (11.7))*; se invece B appartiene alla *zona altrove* esiste sempre un sistema S' in cui A e B sono simultanei ed esiste anche un sistema S'' in cui A e B sono visti in ordine temporale inverso rispetto ad S *(vedi la figura (11.8))*. Questo scambio dell'ordine temporale lede il principio di causalità secondo il quale la causa precede l'effetto.

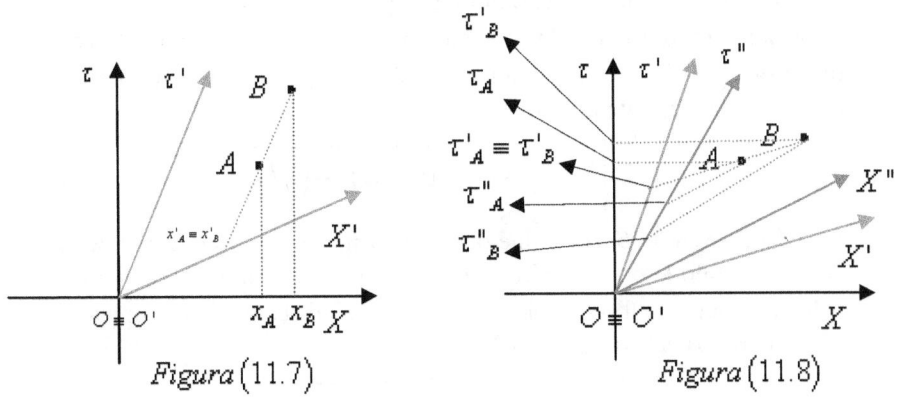

Figura (11.7)   Figura (11.8)

12. IL PARADOSSO DEI GEMELLI

Usando lo spazio-tempo di Minkowski si osserva molto facilmente come eventi che sono simultanei in un sistema di riferimento inerziale S non lo sono in un sistema di riferimento inerziale S'. Infatti siano A e B due punti distinti *(vedi la figura (12.1))* che rappresentano due eventi simultanei nello spazio-tempo $X - \tau$, essi devono stare su una stessa retta parallela all'asse delle ascisse X. Questi eventi per essere simultanei anche nello spazio-tempo $X' - \tau'$ dovrebbero stare su una stessa retta parallela all'asse delle ascisse X'.

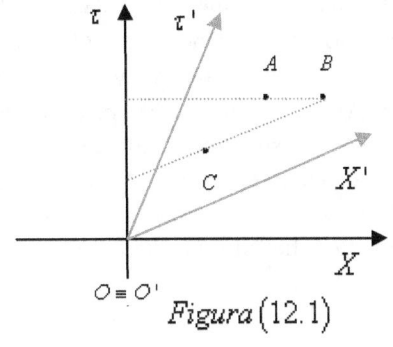

Figura (12.1)

61

Come si rileva molto facilmente dal grafico della figura (12.1), queste due condizioni non possono essere mai soddisfatte simultaneamente per una stessa coppia di punti. Così anche per i punti B e C, essi rappresentano due eventi simultanei nello spazio-tempo $X' - \tau'$ ma non sono simultanei nello spazio-tempo $X - \tau$. Relativamente all'nvariante relativistico espresso dall'equazione (10.17) si osservi che la distanza cronotopica Δs fra due eventi A e B, separati da una distanza spaziale Δl e da un intervallo temporale Δt, si esprime attraverso la seguente relazione:

$$(12.1) \qquad \Delta s = \sqrt{c^2 \left(\Delta t\right)^2 - \left(\Delta l\right)^2}$$

Pertanto, se A e B sono due punti dello spazio-tempo di Minkowski che esprimono le posizioni in istanti diversi di un punto che si muove nella direzione dell'asse delle ascisse X la distanza cronotopica si scrive come *(vedi la figura (12.2))*:

$$(12.2) \qquad \Delta \tau_0 = \sqrt{\left(\Delta \tau\right)^2 - \left(\Delta x\right)^2}$$

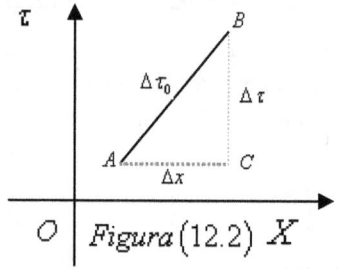

Figura (12.2) X

Essa esprime l'intervallo di tempo misurato da un orologio che si muove di moto rettilineo uniforme lungo l'asse delle ascisse X e si sposta di Δx nel tempo $\Delta \tau$ andando da A a B nello spazio di Minkowski. Passando da un riferimento inerziale ad un altro, cambieranno i valori Δx e $\Delta \tau$, ma la distanza fra i due punti calcolata con la (12.1) è sempre la stessa e coincide con il tempo proprio misurato da un unico orologio che si sposta con velocità costante nello spazio tempo da A a B. Ora, a causa del segno meno che appare nella (12.1), è evidente che questa distanza non coincide con la lunghezza geometrica del segmento AB che si otterrebbe applicando il teorema di Pitagora al triangolo ABC in uno spazio euclideo. Questo è dovuto al fatto che la trasformazione di Lorentz non è euclidea e, quindi, non soddisfa alle proprietà della geometria euclidea.

Un paradosso è un'affermazione che contraddice l'esperienza quotidiana oppure se stessa violando le regole elementari della logica o di un ragionamento che partendo da alcune premesse, attraverso alcuni passaggi, finisce per negarle.

Si osservi che la teoria della relatività prevede due effetti distinti della dilatazione dei tempi:

- Il primo, quello che è stato descritto nel paragrafo 10, è un effetto puramente cinematico dovuto alla velocità relativa dell'osservatore solidale con il sistema in cui avviene il fenomeno.

- Il secondo, descritto dalla relatività generale, dovuto alla presenza di un campo gravitazionale nello spazio in cui avviene il fenomeno.

Si consideri il caso dovuto alla velocità relativa dei due sistemi di riferimento e siano A_X e B_Y due gemelli che si trovano su due astronavi adiacenti: A_X nell'astronave X e B_Y nell'astronave Y *(vedi la figura (12.3))*.

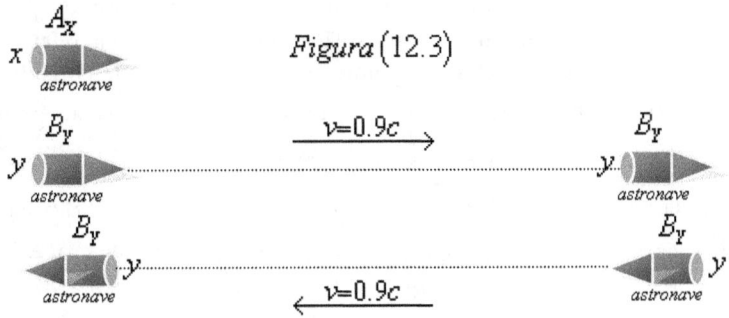

Figura (12.3)

l'astronave di B_Y si allontana da quella di A_X con una velocità prossima alla velocità della luce $v = 0.9c$. Dopo un certo tempo, B_Y torna indietro con la stessa velocità fino a raggiungere nuovamente A_X. Il gemello A_X ha "visto" il gemello B_Y viaggiare a grande velocità e, quindi, se per B_Y il viaggio è durato, ad esempio, 20 anni, l'orologio di A_X misurerà un tempo più lungo per effetto della dilatazione dei tempi. Per quanto detto, lo stesso dovrà avvenire per il *tempo biologico* e ciò implica che il gemello A_X sarà diventato più vecchio, del gemello B_Y *(paradosso dei gemelli)*. Per *il principio di reciprocità* l'astronave di A_X si allontana da quella di B_Y con una velocità prossima alla velocità della luce $v = 0.9c$. Dopo un certo tempo, A_X torna indietro con la stessa velocità fino a raggiungere nuovamente B_Y. Il gemello B_Y ha "visto" il gemello A_X viaggiare a grande velocità e, quindi, se per A_X il viaggio è durato, ad esempio, 20 anni, l'orologio di B_Y misurerà un tempo più lungo per effetto della dilatazione dei tempi; lo stesso dovrà avvenire per il *tempo biologico* e ciò implica che il gemello B_Y sarà diventato più vecchio, del gemello A_X.

Ovviamente le due conclusioni opposte non possono essere simultaneamente vere ed è questo l'apparente paradosso.

La soluzione a questo paradosso può essere trovata tenendo presente che tutto il ragionamento si basa sulla simmetria legata alla relatività del moto che porta a concludere quanto segue: è indifferente considerare il gemello A_X in quiete e l'altro B_Y in viaggio e viceversa. In realtà, questa simmetria non è rispettata, poichè il gemello A_X si mantiene inerziale per tutta la durata del fenomeno mentre il gemello B_Y subisce tre accelerazioni: la prima quando passa dalla velocità $v = 0$ alla velocità $v = 0.9c$, la seconda quando inverte il senso del moto e la terza quando rallenta e si ferma. La situazione è identica se si considera il gemello B_Y in quiete e il gemello A_X in moto.

Si osservi che ogni argomento che si basa sul principio di reciprocità del moto non è sempre applicabile, infatti esso è valido solo per sistemi inerziali, d'altro canto le linee di universo di due sistemi inerziali sono delle rette e pertanto esse si intersecano in un solo punto. Ciò significa che due osservatori inerziali possono controllare direttamente i rispettivi tempi una sola volta e non due volte , come fanno i gemelli. Volendo trattare l'argomento da un punto di vista quantitativo, si supponga che il viaggio del gemello B_Y duri un tempo sufficientemente lungo, per esempio, 10 anni il viaggio di andata e 10 anni quello di ritorno. Questi tempi sono misurati dal gemello B_Y con il suo orologio, inoltre la sua sua astronave si muova spostandosi sempre lungo un unico asse X. Poichè la durata del viaggio è di 20 anni, si possono trascurare i tempi necessari affinchè l'astronave raggiunga la sua velocità finale, per invertire la rotta e per fermarsi nuovamente alla fine del viaggio. Ciò detto, si consideri il sistema di riferimento inerziale del gemello A_X e sia la sua posizione coincidente con l'origine, si supponga che il gemello B_Y inizi ad allontanarsi dal gemello A_X al tempo $\tau = 0$ m. Ora, si disegni, nello spazio-tempo di Minkovski $X - \tau$ la linea di universo del gemello A_X e quella del gemello B_Y *(vedi la figura (12.4).*

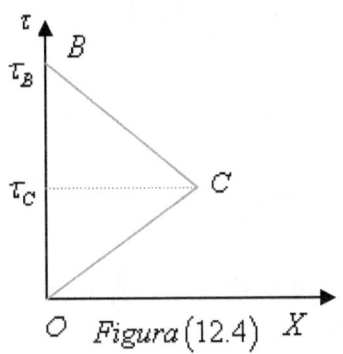

O   *Figura* (12.4) X

Poichè il gemello A_X resta sempre fermo nell'origine del suo riferimento, la sua coordinata x resta sempre uguale a zero e la sua linea di universo coincide con l'asse τ. Il valore di τ su questo asse rappresenta, perciò, il tempo proprio misurato dall'orologio del gemello

A_X. Ora si supponga che il gemello B_Y viaggi con velocità di modulo pari a $v = 0.9c$. Quando egli si allontana dal gemello A_X, la sua velocità è positiva e la sua linea di universo è una retta con coefficiente angolare $1/v$ rispetto all'asse X *(vedi il segmento OC nella figura (12.4))*. Invertendo la velocità, la sua linea di universo sarà ancora una retta ma con coefficiente angolare negative $-1/v$ rispetto all'asse X *(vedi il segmento CB nella figura (12.4))*. Il gemello B_Y incontrerà nuovamente il gemello A_X $(x = 0)$ quando la sua linea di universo incontra la linea di universo del gemello A_X, cioè nel punto B dell'asse τ, ovvero nel punto di coordinate $\left(0, \tau_B\right)$ che rapprenta il tempo segnato dall'orologio del gemello A_X. Il tempo misurato dal gemello B_Y è dato dalla lunghezza quadridimensionale totale dei due segmenti OC e CB che, per le proprietà non euclidee dello spazio-tempo di Minkovski, sarà sicuramente minore della lunghezza del segmento OB che è pari a τ_B. Indicando con τ_C il tempo corrispondente al punto C che vale $\tau_C = \dfrac{\tau_B}{2}$, *(vedi la figura (12.4))*, la distanza cronotopica totale del percorso $OC + CB$ è data dall'equazione (12.2) che, in questo caso, si scrive come:

$$(12.3) \quad \tau_0 = \frac{\tau_B}{2}\sqrt{1-v^2} + \frac{\tau_B}{2}\sqrt{1-v^2} \Rightarrow \tau_0 = \tau_B\sqrt{1-v^2} \Rightarrow$$

$$\tau_B = \frac{\tau_0}{\sqrt{1-v^2}}$$

in cui τ_B è il tempo misurato dal gemello A_X e τ_0 è il tempo misurato dal gemello B_Y. Sostituendo i valori si ha:

$$\tau_B = \frac{\tau_0}{\sqrt{1-v^2}} = \frac{20 \ anni}{\sqrt{1-(0.9)^2}} \simeq 46 \ anni$$

Questo risultato è sorprendente perchè contraddice l'idea preconcetta di *"tempo assoluto"* che pone le sue solide radici sull'esperienza quotidiana fondata sull'osservazione del moto di corpi con velocità estremamente piccole in confronto alla velocità della luce. Tuttavia, considerando il tempo come una coordinata aggiuntiva alle coordinate spaziali, la sorpresa tende subito a smorzarsi in quanto se si considerano due punti A e B in uno spazio euclideo nessuno si sorprende se la lunghezza della curva che congiunge i due punti cambia da curva a curva. Quindi, allo stesso modo, nessuno si sorprende se la lunghezza quadridimensionale di una curva che congiunge due punti nello spazio-tempo di Minkowski *(cioè il tempo misurato da un orologio che descrive il moto rappresentato dalla curva)* dipende dalla curva considerata.

Una verifica dei risultati ottenuti è stata eseguita , con esito positivo, dai fisici Hafele e Keating nel 1971. Essi hanno montato quattro orologi atomici su due aerei e confrontato i tempi segnati da questi orologi con quelli segnati da un orologio atomico a terra. Gli orologi atomici permettono misure di tempo con una precisione di gran lunga superiore a quella di qualunque altro orologio che sia mai stato costruito dall'uomo. In tal modo, anche una differenza piccolissima nei tempi misurati dai due orologi può essere determinata con notevole precisione. Prima della partenza degli aerei, tutti gli orologi sono stati sincronizzati tra loro e con gli orologi dell'Osservatorio Navale degli Stati Uniti. Successivamente gli aerei sono stati fatti decollare da Washington viaggiando a velocità uguali in modulo ma opposte in verso *(uno nel verso concorde con la velocità di rotazione della terra e l'altro in verso opposto)* tornando nel punto di partenza simultaneamente dopo circa 50 ore di viaggio. Alla fine, i tempi segnati dai vari orologi sono stati confrontati e si sono trovate piccole differenze nei tempi segnati dagli orologi dell'ordine di poche centinaia di nanosecondi: $10^{-9} s$. Queste differenze sono in accordo con quelle previste dalla Teoria della Relatività Ristretta, ma per ottenere un accordo completo è necessario tenere conto anche degli effetti del campo di gravità terrestre che vengono presi in considerazione dalla Relatività Generale.

13. DINAMICA RELATIVISTICA

Il principio di relatività galileiana afferma che *le leggi della meccanica sono invarianti rispetto ad una trasformazione di Galileo,* ciò significa anche che l'equazione fondamentale della dinamica $\vec{F} = m\vec{a}$ è covariante rispetto ad una trasformazione di Galileo. Come si può facilmente verificare, tale equazione non è covariante rispetto ad una trasformazione di Lorentz e poichè questa trasformazione esprime il modo relativisticamente corretto il passaggio da un sistema inerziale ad un altro, si deve concludere che il principio di relatività einsteniana è incompatibile con le leggi della dinamica newtoniana. D'altro canto, nel caso di corpi che si muovono con velocità piccole rispetto alla velocità della luce, l'equazione $\vec{F} = m\vec{a}$ è confermata da verifiche compiute sia sui corpi celesti che sui corpi terrestri, quindi si può ipotizzare che l'equazione fondamentale della dinamica newtoniana sia un'approssimazione valida, per piccole velocità, di una legge più generale, così come le trasformazioni di Galileo sono un'approssimazione delle trasformazioni di Lorentz. Quindi, è naturale procedere con l'obiettivo di cercare una formulazione dell'equazione fondamentale della dinamica che sia covariante rispetto ad una trasformazione di Lorentz e che si riduca all'equazione $\vec{F} = m\vec{a}$ per velocità piccole rispetto alla velocità della luce. La soluzione di questo problema fu proposta dallo stesso Einstein che fece vedere come il moto di una particella elettricamente carica, posta in un campo magnetico, possa essere descritto dalla legge fondamentale della dinamica se posta nella seguente forma:

$$(13.1) \quad \vec{F} = \frac{d}{dt}\vec{p}$$

in cui $\vec{p}$ esprime la quantità di moto: $\vec{p} = m\vec{v}$ dove $\vec{v}$ indica la velocità della particella ed m indica la massa, *(ritenuta costante nella meccanica newtoniana)* definita nella, relatività einsteniana, dalla seguente espressione:

$$(13.2) \quad m = \frac{m_0}{\sqrt{1 - \dfrac{v^2}{c^2}}}$$

in cui m_0, detta massa di riposo, è la massa della particella misurata da un osservatore solidale con la particella posta in quiete nel sistema di riferimento.

Da questa definizione di massa segue che qualunque particella dotata di massa di riposo non nulla non potrà mai raggiungere la velocità della luce in quanto, all'aumentare della velocità $\vec{v}$ la massa m diventa eccessivamente grande *(vedi la figura (1.3.1))*:

$$(13.3) \quad \lim_{v \to c} m = \lim_{v \to c} \frac{m_0}{\sqrt{1 - \dfrac{v^2}{c^2}}} = \infty$$

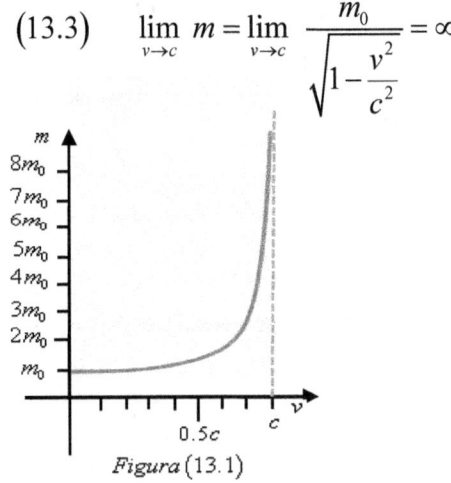

Figura (13.1)

Ora, si prenda in considerazione il caso del moto di un corpo lungo l'asse X sotto l'azione di una forza $\vec{F}$ costante e si supponga che il corpo sia inizialmente fermo in $x = 0$ $(v = 0 \; ; \; t = 0)$. L'equazione del moto su tale asse è data dall'equazione (13.1) che integrata rispetto al tempo tra l'istante iniziale $t = 0$ e un generico istante t fornisce la seguente equazione:

$$(13.4) \qquad \int_0^t Fdt = \int_0^t \frac{dp}{dt}dt \Rightarrow Ft = p(t) - p(0)$$

in cui osservando che il corpo è fermo nell'istante iniziale, l'equazione (13.4) si può scrivere come segue:

$$(13.5) \qquad Ft = p(t)$$

Nel caso della meccanica newtoniana sostituendo nell'equazione (13.5) la seguente espressione della quantità di moto: $p(t) = m_0 v(t)$ si ottiene la seguente espressione per la velocità:

$$(13.6) \qquad v(t) = \frac{F}{m_0} t$$

dalla quale si nota che la velocità del corpo aumenta linearmente nel tempo con accelerazione costante senza alcun limite *(vedi la figura (13.2) linea tratteggiata)*.

$$(13.7) \qquad a = \frac{F}{m_0}$$

Nel caso relativistico si sostituisca nell'equazione (13.5) la seguente espressione della quantità di moto $p(t) = m_0 \gamma v(t)$, così facendo si ottiene la seguente equazione:

$$(13.8) \qquad v(t) = \frac{F\sqrt{1 - \frac{v^2(t)}{c^2}}}{m_0} t$$

Elevando al quadrato ambo i membri di questa equazione e risolvendo rispetto a $v(t)$ si ottiene la seguente equazione:

$$(13.9) \qquad m_0^2 v^2 = F^2 t^2 - \frac{F^2 t^2}{c^2} v^2 \Rightarrow v(t) = \frac{Ft}{\sqrt{m_0^2 + \frac{F^2 t^2}{c^2}}}$$

dalla quale si nota che, contrariamente alle previsioni della meccanica newtoniana, la velocità non varia linearmente con il tempo e resta sempre inferiore alla velocità della luce. In particolare, l'accelerazione del corpo non è costante nel tempo ma decresce all'aumentare della velocità. Infatti, man mano che la particella aumenta la sua velocità, la

massa inerziale $m = \dfrac{m_0}{\sqrt{1 - \dfrac{v^2}{c^2}}}$ aumenta ed ogni incremento di velocità

richiederà sempre tempi più lunghi.

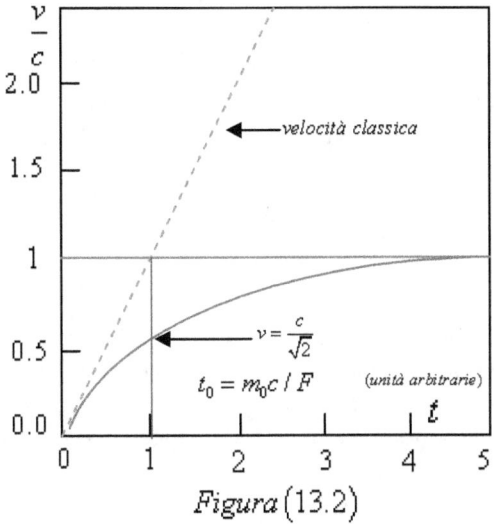

Figura (13.2)

La definizione relativistica della massa può apparire come un'espediente per continuare a scrivere nella forma newtoniana l'equazione fondamentale della dinamica senza dove rinunciare al principio di relatività. In realtà l'equazione (13.2) ha un significato fisico profondo che può essere espresso come segue:

l'inerzia di un corpo dipende dal contenuto energetico del corpo stesso questa affermazione, espressa in forma semplice da Einstein in una memoria del 1905, è stata largamente confermata nello studio sperimentale sugli urti delle particelle elementari.

Si consideri, per esempio, un urto fra due particelle identiche: A e B, ciascuna con una massa di riposo m_0 e che, rispetto ad un osservatore O, si muovono lungo una stessa direzione in versi opposti con velocità, rispettivamente di $+v$ e $-v$. Dopo l'urto le due particelle si fondono in un'unica particella C che sarà in quiete rispetto all'osservatore O. Infatti, poichè le quantità di moto delle due particelle sono uguali ed opposte, la quantità di moto della particella C *(quantità di moto totale)* è nulla. Secondo la meccanica newtoniana la massa della particella C dovrebbe essere $2m$ in rispetto alla legge di conservazione della massa di Lavoisier. Invece, secondo la relatività la massa della particella C risulata data dalla somma delle masse relativistiche delle particelle A e B prima dell'urto:

$$m_C = m_A + m_B = \frac{2m_0}{\sqrt{1 - \dfrac{v^2}{c^2}}} > 2m_0$$

Poichè ciascuna delle due particelle fornisce alla particella C una massa maggiore della propria massa di riposo, è naturale chiedersi quale sia il significato fisico di questo eccesso di massa non previsto dalla fisica classica. Per rispondere a questa domanda si consideri la seguente formula:

$$(13.10) \qquad m = m_0 \left(1 + \frac{1}{2} \frac{v^2}{c^2} + \frac{3}{8} \frac{v^4}{c^4} + \dots \right)$$

che esprime la massa relativistica in forma approssimata valida per velocità non molto prossime alla velocità della luce. La differenza tra la massa relativistica e la massa di riposo Δm che, secondo Einstein, equivale alla massa del contenuto energetico del corpo, risulta approssimativamente data dalla seguente equazione:

$$(13.11) \qquad \Delta m = m - m_0 = \frac{1}{2} m_0 \frac{v^2}{c^2} + \frac{3}{8} m_0 \frac{v^4}{c^4} + \dots$$

Moltiplicando ambo i membri di questa equazione per c^2 si ottiene la seguente espressione:

$$(13.12) \quad \Delta mc^2 = (m - m_0)c^2 = \frac{1}{2}m_0 v^2 + \frac{3}{8}m_0 \frac{v^4}{c^2} + ...$$

in cui, il primo termine del secondo membro $\left(\frac{1}{2}m_0 v^2\right)$ coincide con l'energia cinetica della meccanica newtoniana, mentre il secondo termine $\left(\frac{3}{8}m_0 \frac{v^4}{c^2}\right)$ è trascurabile per velocità piccolo rispetto alla velocità della luce. Tutto ciò suggerisce di definire energia cinetica relativistica la quantità E_c data dalla seguente espressione:

$$(13.13) \quad E_c = (m - m_0)c^2 = m_0 c^2 \left(\frac{1}{\sqrt{1 - \frac{v^2}{c^2}}} - 1\right)$$

da cui segue l'equazione:

$$(13.14) \quad m = m_0 + \frac{E_c}{c^2}$$

che mostra come la massa di un corpo in moto è pari alla somma della sua massa di riposo e della massa della sua energia relativistica. Poichè l'energia cinetica si può trsformare in una qualsiasi altra forma di energia, è naturale generalizzare l'equazione (13.14) affermando che una quantità di energia E è associabile ad una massa m secondo l'equazione:

$$(13.15) \quad m = \frac{E}{c^2}$$

da cui segue che quando si fornisce energia ad un corpo la sua massa aumenta, mentre diminuisce se il corpo cede energia. Questa equazione si può anche interpretare dicendo che ogni massa rappresenta un'energia data dalla seguente equazione:

$$(13.16) \qquad E = mc^2$$

L'equazione (13.16) è nota come equazione di Einstein e mette in evidenza che massa ed energia sono fra loro equivalenti, in tal modo l'energia cessa di essere un attributo della materia e diventa una realtà fisica autonoma. Alle due leggi classiche della conservazione della massa e della conservazione dell'energia si sostituisce un'unica legge di conservazione massa-energia.

14. IL PRINCIPIO DI EQUIVALENZA

I sistemi di riferimento inerziali, per quanto è stato visto nei paragrafi precedenti, appaiono realizzabili solo approssimativamente. Infatti è possibile stabilire se un dato sistema di riferimento è sufficientemente inerziale, ma non si sa se esista un sistema di riferimento assolutamente inerziale. Per meglio comprendere la difficoltà della questione si riporta il pensiero dello stesso Einstein sotto forma di una intervista che egli immagina di fare ad un fisico.

Intervista di Einstein ad un fisico	
1.D	**Cos'è un Sistema inerziale?**
1.R	*È un sistema di riferimento nel quale le leggi della dinamica sono valide. In tale sistema, un corpo sul quale non agisce alcuna forza esterna si muove di moto rettilineo uniforme; questa proprietà ci permette di distinguere un sistema inerziale da qualunque altro sistema.*
2.D	**Ma cosa deve intendersi allorchè dite che nessuna forza agisce su un corpo?**
2.R	Deve intendersi semplicemente che il corpo, allorchè si trova in un sistema inerziale, si muove di moto rettilineo uniforme
	si noti il circolo vizioso tra le due domande e le due risposte
3.D	**Un sistema rigidamente collegato con la Terra è forse inerziale?**
3.R	*No, perchè le leggi della dinamica non sono rigorosamente valide sulla Terra, a causa della sua rotazione. Per molti problemi un sistema collegato al Sole può essere considerato inerziale; ma tenuto conto che anche questo astro è animato di un moto di rotazione, intorno al centro della galassia, è evidente che neanche il sistema collegato con il Sole è inerziale*
4.D	**Ma cos'è, in concreto, il vostro sistema inerziale e quale stato di moto gli va attribuito?**
4.R	*È semplicemente una finzione utile, ma non ho nessuna idea di come possa realizzarsi. Se con il mio sistema di riferimento potessi allontanarmi abbastanza da tutti i corpi materiali, e liberarmi così da tutte le influenze esterne, allora soltanto il mio sistema di riferimento sarebbe veramente*

	inerziale
5.D	**Ma che cosa intendete per sistema libero da tutte le influenze esterne?**
5.R	*Precisamente un Sistema inerziale*

Questa difficoltà sui sistemi di riferimento inerziali era nota anche a Newton che, non riuscendo a trovare una valida spiegazione, postulò l'esistenza di uno spazio assoluto e di un tempo assoluto come è stato già detto nei paragrafi precedenti. Egli tentò di darne una prova della reale esistenza con quello che è poi divenuto famoso come *esperimento del secchio ruotante.*

"........*Si appenda un secchio all'estremità di un filo, e lo si faccia ruotare fino a che il filo, per effetto della torsione si indurisca. Si riempia il secchio con acqua e lo si faccia riposare insieme con l'acqua. Se si lascia il filo libero di storcersi, il secchio si muoverà di moto circolare e continuerà a lungo in tale moto. All'inizio del moto la superficie dell'acqua è piana, come prima del moto del secchio; ma dopo che il secchio ha comunicato, gradualmente, il moto all'acqua, quest'ultima inizia a ritirarsi man mano portandosi dal centro alla periferia formando una figura concava (come io stesso ho sperimentato) e, a causa del moto sempre più accelerato, salirà via via finché, compiendo le sue rivoluzioni interne al secchio in tempi uguali, si trovi in quiete relativa rispetto ad esso. L'innalzarsi dell'acqua manifesta lo sforzo di allontanarsi dall'asse del moto e attraverso tale sforzo si può conoscere e misurare il vero e assoluto moto circolare dell'acqua, che è completamente contrario al moto relativo. Infatti, all'inizio, quando il moto relativo dell'acqua nel secchio era massimo, quello stesso moto non provocava lo sforzo di allontanamento dall'asse; l'acqua non saliva ai i bordi del secchio, ma rimaneva piana e perciò non era ancora iniziato il vero moto circolare (assoluto). Dopo, diminuito il movimento relativo dell'acqua, la sua ascesa lungo le pareti del secchio, indicava lo sforzo di allontanamento dall'asse del moto, e questo sforzo indicava che il vero moto circolare cresceva continuamente sino al punto massimo in cui l'acqua giaceva in quiete relativa nel secchio. Dunque lo sforzo dell'acqua per allontanarsi dall'asse del moto non dipendeva dalla sua traslazione rispetto al corpo ambiente, e perciò il moto circolare vero non può essere definito mediante tali traslazioni"*

Secondo Newton, *il principio di reciprocità del moto,* valido per le traslazioni uniformi, non si estende alla rotazione uniforme: infatti, la superficie dell'acqua si incurva non già quando questa è in rotazione rispetto al secchio, ma quando è in rotazione rispetto allo spazio assoluto.

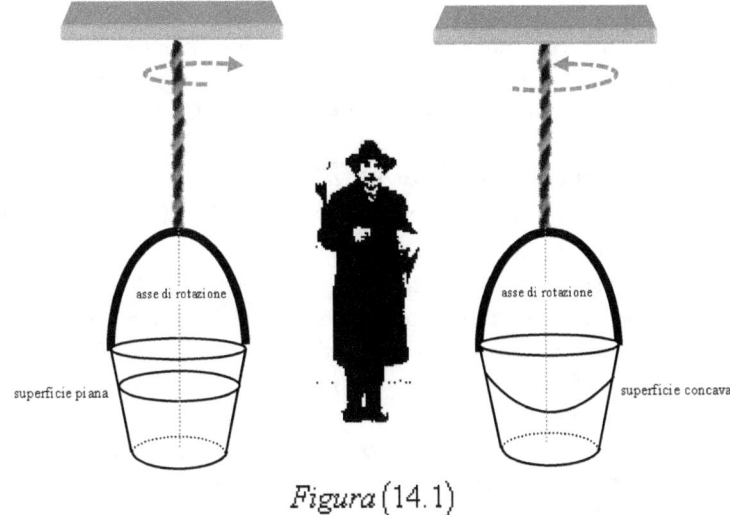

Figura (14.1)

La concezione newtoniana del moto fu presa di mira per prima da Berkeley che affermò quanto segue:

qualunque grandezza che descrive il moto di un corpo non può avere significato assoluto perchè si può parlare solo di moto rispetto alla materia e non di moto rispetto allo spazio vuoto.

Le idee di Berkeley furono prese in considerazione da Mach verso il 1880 con la seguente obiezione:

Si tenga fermo il secchio di Newton e si faccia ruotare il sistema delle stele fisse verificando l'assenza delle forze centrifughe.

Poichè questa verifica non è realizzabile, non è possibile conoscere se l'incurvamento dell'acqua sia dovuto ad un moto di rotazione assoluta oppure al moto relativo dell'acqua rispetto al sistema delle stelle fisse. Quindi, secondo Mach, l'esperimento di Newton non è completo e non può essere utilizzato per provare che il moto di rotazione o di un qualsiasi altro moto accelerato sia un moto assoluto. Inoltre non è nemmeno possibile fare una previsione di cosa accadrebbe se le stelle fisse ruotassero intorno al secchio di Newton, perchè non è nota l'origine delle forze d'inerzia. Si osservi che ancora, secondo Mach, se le forze d'inerzia fossero dovute ad un'interazione di ogni corpo con il resto dell'Universo, sarebbe priva di senso la questione della distinzione tra sistemi di riferimento inerziali e sistemi di riferimento accelerati. Questa ipotesi, nota come *"principio di Mach"*, suggerisce la seguente affermazione: *un corpo posto in uno spazio infinito, completamente vuoto, è privo d'inerzia.* Quindi, un sistema di riferimento S, accelerato rispetto alle stelle fisse, è del tutto equivalente ad un sistema di riferimento S' rispetto al quale le stelle fisse sono accelerate. Di conseguenza il principio di reciprocità del moto, in tal caso, sarebbe esteso non solo alle velocità ma anche alle accelerazioni. Ma Einstein osservò che in una teoria relativistica del moto non c'è spazio per concetti come l'accelerazione assoluta e problematiche per distinguere tra forze d'interazione e forze d'inerzia. Egli partì dall'uguaglianza *tra massa inerziale e massa gravitazionale,* fatto empirico noto alla fisica newtoniana ma di cui non si possedeva alcuna spiegazione.

Usualmente nella meccanica newtoniana, la massa di un corpo è definita, operativamente, come la grandezza fisica misurabile con la bilancia a due piatti. Questa definizione non è soddisfacente sul piano concettuale perché non evidenzia né il significato né il ruolo che essa svolge nei diversi fenomeni naturali nei quali si manifesta. Inoltre, si osservi che, diversamente dalle altre grandezze fisiche fondamentali di carattere meccanico, non esiste un riferimento intuitivo dal quale partire; ciò induce a riferirsi ad un *procedimento operativo* di definizione delle grandezze fisiche. Dei diversi procedimenti che si possono scegliere per introdurre il concetto di massa, tutti tra loro equivalenti, viene scelto quel particolare procedimento dal quale emerge con chiarezza la struttura di una definizione operativa. Un riferimento concreto per operare questa scelta è fornito dai risultati sperimentali ottenuti dallo studio del moto di un oscillatore armonico, dai quali emerge con chiarezza una relazione: $m = kT^2$ tra il concetto da definire ed il periodo dell'oscillatore. Con riferimento alla figura (14.2), si osserva che l'oscillatore armonico è in quiete rispetto al punto O. Perturbando lo stato di quiete, il sistema oscilla intorno al punto O con un periodo T facilmente misurabile.

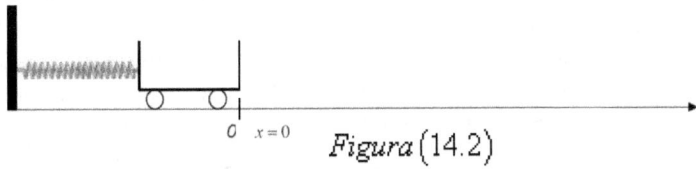

$$O \quad x=0$$

Figura (14.2)

Ponendo sul carrello un corpo C_1 si osserva un allungamento del periodo di oscillazione; ancora, ponendo un secondo corpo C_2 sul carrello, si osserva un ulteriore allungamento del periodo di oscillazione. Continuando a sperimentare con altri corpi, questo risultato viene confermato; quindi la presenza di un corpo sul carrello determina un'alterazione dello stato di moto che si manifesta con un allungamento del periodo di oscillazione. Ponendo sul carrello un numero sufficiente di corpi, si osserva che l'oscillatore arresta il suo moto. Questi risultati, inducono ad ammettere l'esistenza di una proprietà intrinseca nei corpi capace di alterare lo stato di moto dell'oscillatore, aumentando la resistenza al moto. Sorge il sospetto che la proprietà così individuata possa dipendere dalle caratteristiche del dispositivo sperimentale. L'unico modo per verificare se il sospetto è fondato o meno è quello di cambiare sia il carrello sia la molla e ripetere le stesse operazioni sperimentali che sono state eseguite prima, facendo uso degli stessi corpi. I risultati che si ottengono danno per uno stesso corpo un diverso valore del periodo di oscillazione, ciò sembra confermare l'ipotesi che la proprietà individuata nei corpi dipenda dal dispositivo sperimentale utilizzato. Per contro si constata che: se C_1 e C_2 sono due corpi tale che posti, uno alla volta, sul carrello del primo oscillatore danno luogo ad un stesso periodo di oscillazione; essi, se vengono posti, uno alla volta, sul carrello del secondo oscillatore danno luogo ancora ad uno stesso periodo di oscillazione. Se C_3 e C_4 sono due corpi tali che posti, uno alla volta, sul carrello del primo oscillatore danno luogo a due periodi di oscillazione diversi in modo che sia $T_3 < T_4$ essi, se vengono posti, uno alla volta, sul carrello del secondo oscillatore danno luogo ancora a due periodi di oscillazione diversi in modo che sia $T_3' < T_4'$. Quindi, mentre il periodo di oscillazione di un corpo dipende dal particolare dispositivo sperimentale utilizzato, le relazioni di uguaglianza e disuguaglianza dei periodi di oscillazione dei corpi sono un invariante fisico, non dipendente dal particolare dispositivo sperimentale utilizzato, ed individuano una proprietà intrinseca dei corpi a cui si dà il nome di massa *(inerziale)*.

Per giungere ad una misura concreta della massa di un corpo bisogna precisare le tre definizioni fondamentali:

- *di uguaglianza*

- *di somma*

- *del campione.*

Si dice che due corpi C_1 e C_2 hanno la stessa massa se posti, uno alla volta, sullo stesso carrello di un oscillatore armonico danno luogo ad unostesso periodo di oscillazione.

Si dice che la massa di un corpo C è uguale alla somma delle masse di

un corpo C_3 e di un corpo C_4 quando, posto il corpo C sul carrello di un oscillatore armonico, il periodo di oscillazione a cui esso dà luogo è uguale a quello che danno luogo i corpi C_3 e C_4 quando vengono posti insieme sul carrello dello stesso oscillatore armonico.

La scelta del campione di massa è stata completamente arbitraria in quanto non è stato possibile individuare un oggetto o un fenomeno che potesse costituire un riferimento comodo e riproducibile. Nel 1889 fu adottato quale campione di massa il decimetro cubo di acqua distillata alla temperatura di $4\,°C$ e di esso furono prodotte delle copie sotto forma di cilindretti di una lega di platino - iridio di $38mm$ sia di altezza sia di diametro di base. Il chilogrammo riproducibile oggi, con una precisione di una parte su 10^8, è una delle sette unità fondamentali del *Sistema Internazionale delle Unità di Misura.*

Orbene, sulla base delle nuove conoscenze acquisite, è possibile dare un significato più profondo alla definizione di massa. A tal fine, si consideri una bilancia a due piatti in equilibrio; successivamente si ponga su uno dei due piatti un corpo di massa m_1 e si riequilibra la bilancia con i pesi ad essa corredati.*(vedi la figura (14.3)).*

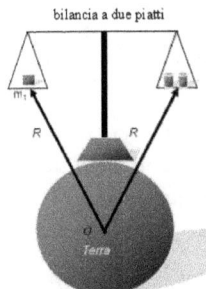

bilancia a due piatti

Figura (14.3)

Ad equilibrio avvenuto, il corpo di massa m_1 è soggetto alla forza gravitazionale data dalla seguente equazione:

$$(14.1) \quad F_1 = G \frac{m_1 M_T}{R^2}$$

Poiché i pesi che equilibrano il corpo hanno anch'essi una massa, saranno soggetti alla forza gravitazionale data dalla seguente equazione:

$$(14.2) \quad F = G \frac{m M_T}{R^2}$$

in cui m esprime la loro massa complessiva.

Rapportando l'equazione (14.1) con l'equazione (14.2) si ottiene l'equazione:

$$(14.3) \quad \frac{F_1}{F} = \frac{m_1}{m}$$

dalla quale si deduce che il rapporto tra le forze gravitazionali è uguale al rapporto delle masse. Poiché all'equilibrio risulta $F_1 = F$ ne consegue $m_1 = m$ quindi, scelto arbitrariamente un corpo a cui si assegna massa unitaria, la bilancia a due piatti consente di definire operativamente la massa di un corpo a cui si dà il nome di *massa gravitazionale.* Per contro, alla massa di un corpo definita con l'oscillatore armonico si dà il nome di *massa inerziale.* Quindi, osservando che la forza gravitazionale e la forza peso hanno la stessa origine, l'equazione (14.3) si può scrivere come:

$$(14.4) \quad \frac{P_1}{P} = \frac{m_1}{m}$$

dalla quale si deduce che i pesi dei corpi sono proporzionali alle masse gravitazionali. Ora, liberando il corpo e i pesi dal vincolo dei piatti della bilancia e lasciati cadere liberamente a Terra, si possono scrivere le seguenti equazioni:

$$(14.5) \quad \begin{aligned} P_1 &= m'_1 g \\ \\ P &= m' g \end{aligned}$$

in cui m'_1 e m' sono le masse inerziali del corpo e dei pesi.

Rapportando le due equazioni (14.5) si ottiene l'equazione:

$$(14.6) \quad \frac{P_1}{P} = \frac{m'_1}{m'}$$

Confrontando le equazioni (14.4) e (14.6) si ottiene l'equazione:

$$(14.7) \quad \frac{m_1}{m} = \frac{m'_1}{m'}$$

dalla quale si deduce che la massa gravitazionale di un corpo è proporzionale alla sua massa inerziale:

$$(14.8) \quad \frac{m}{m'} = \text{cost}$$

Assumendo come massa gravitazionale unitaria quella del campione unitario di massa inerziale, il rapporto espresso dall'equazione (14.8) risulta uguale a 1 *(principio di equivalenza debole)*.

$$(14.9) \quad \frac{m}{m'} = 1$$

Ora, si consideri una nave spaziale A *(priva di motori)* che si muove di moto uniforme in una grande regione di spazio vuoto. Per un osservatore O, solidale con la nave spaziale A, vale con ottima approssimazione il principio d'inerzia e sono nulli tutti gli effetti dovuti ai campi gravitazionali. Si supponga che ad un certo istante la nave spaziale *A* venga agganciata, con un cavo, da una nave spaziale *B* che la traina con una forza costante *(vedi la figura (14.4))*. Tutti gli oggetti che si trovano nella nave spaziale *A*, se non sono sufficientemente vincolati, resteranno in quiete solo se posti su un piano di appoggio che sia perpendicolare all'accelerazione prodotta dalla nave spaziale *B*. Quindi l'osservatore *O* potrà sperimentare la caduta dei corpi giungendo alla conclusione che i corpi cadono tutti con la stessa accelerazione costante. Inoltre, se attraveso l'oblò vedrà il

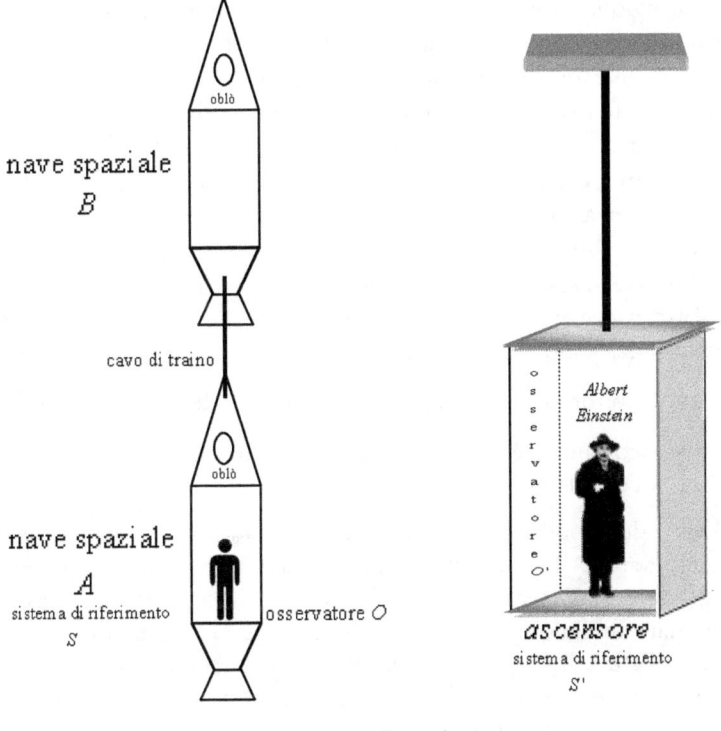

Figura (14.4)

cavo con cui la sua nave spaziale è stata agganciata dalla nave spaziale *B*, giungerà alla spiegazione dei fenomeni osservati: egli affermerà che la sua nave spaziale si trova in quiete in un campo gravitazionale, dovuto alla presenza di un grande corpo corpo celeste, e il cavo al quale essa è appesa ne impedisce la caduta. Queste conclusioni sono identiche a quelle di un osservatore O' che sperimenta sulla Terra gli stessi fenomeni nella cabina di un ascensore fermo. Ciò detto, si supponga che il cavo di traino si spezzi, in tal caso, la nave spaziale A si ritrova nella stessa condizione iniziale di sistema inerziale, per cui si annullerà ogni effetto gravitazionale. L'osservatore O, guardando attraverso l'oblò, dirà: il cavo si è spezzato ed io sono in caduta libera verso il corpo celeste. Se si spezza il cavo dell'ascensore, la stessa affermazione la farà l'sservatore O', solidale con l'ascensore, sperimentando anche l'assenza di ogni effetto gravitazionale. Si osservi che i ragionamenti dei due osservatori sono identici ed entrambi non potranno mai sapere, sulla base dei soli fenomeni che accadono, sia nella nave spaziale A che nell'ascensore, se nell'istante in cui si è spezzato il cavo, si è innescata una caduta libera verso un corpo attrattore o si sia stabilita una condizione di inerzialità. L'equivalenza dei sistemi dei due osservatori O e O' si fonda sull'uguaglianza tra massa inerziale e massa gravitazionale. Infatti se queste masse fossero diverse sarebbero diverso anche i fenomeni di caduta libera in quanto la caduta libera nella nave spaziale A è un effetto inerziale e nell'ascensore è un effetto gravitazionale. Per stabilire la completa equivalenza sono necessarie altre due ipotesi

- uniformità del campo gravitazionale nella regione considerata

- costanza nel tempo del campo gravitazionale nella regione considerata

Queste due condizioni sono soddisfatte solo per piccole regioni dello spazio-tempo. Due corpi, posti a grande distanza l'uno dall'atro, sono visti da un osservatore, solidale con un ascensore che misura un centinaio di chilometri in caduta libera verso la Terra, muoversi l'uno contro l'altro. Infatti le loro traiettorie di caduta libera sono rette che si incontrano nel centro della Terra. Nessun effetto come questo si può osservare nella nave spaziale A accelerata poichè tutti i corpi, in caduta libera, seguono traiettorie parallele. Consegue che qualunque sistema di riferimento, posto in un campo gravitazionale uniforme e costante nel tempo, è equivalente, per quanto riguarda i fenomeni meccanici, ad un sistema sottoposto ad una opportuna accelerazione costante, e posto in una zona dello spazio dove il campo gravitazionale è nullo. Nel caso che il campo gravitazionale non sia nè uniforme ne costante nel tempo, l'equivalenza risulta ancora valida purchè, le regioni dello spazio-tempo siano sufficientemente piccole. Da questa equivalenza si ottiene la seguente affermazione:

nessun campo gravitazionale esterno può essere rivelato con esperimenti di dinamica eseguiti in un piccolo sistema di riferimento in caduta libera.

Pertanto Einstein, allo stesso modo di quanto fatto per **il principio di relatività ristretta,** estende *il principio di equivalenza* per i fenomeni meccanici a tutti i fenomeni fisici pervenendo alla seguente formulazione *(principio di equivalenza forte)*.

in ogni regione dello spazio-tempo, sufficientemente piccola, esiste sempre un sistema di riferimento S in cui è nullo ogni effetto gravitazionale, sia sul moto dei corpi sia su qualunque altro fenomeno fisico

Nel sistema di riferimento accelerato un raggio di luce che si propaga ortogonalmente alla direzione dell'accelerazione *(vedi la figura (14.5))*, è visto, dall'osservatore O, deviato nel verso opposto al verso dell'accelerazione, consegue, dal principio di equivalenza, che anche l'osservatore O', in quiete in un campo gravitazionale, vede la traiettoria del raggio di luce deviata verso il basso,. Quindi il campo gravitazionale incurva la luce.

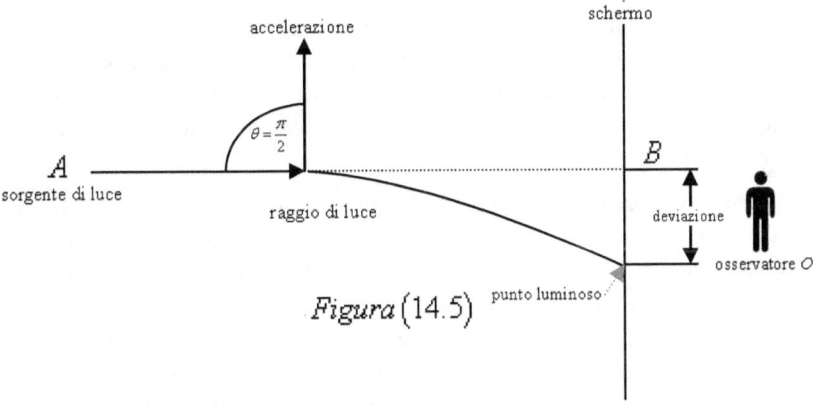

Figura (14.5)

Un sistema di riferimento uniformemente accelerato è equivalente ad un campo gravitazionale uniforme e costante così, nello stesso senso, un sistema di riferimento traslatorio accelerato non uniformemente è equivalente ad un campo gravitazionale variabile. Tuttavia i campi gravitazionali ai quali sono equivalenti i sistemi di riferimento non inerziali non sono del tutto identici ai campi gravitazionali *reali* esistenti nei sistemi di riferimento inerziali. Esiste fra essi una differenza sostanziale per quanto riguarda le loro proprietà all'infinito. Ad una distanza infinita dal corpo che lo genera, il campo gravitazionale *reale* tende a zero. Al contrario, i campi ai quali sono equivalenti i sistemi di riferimento non inerziali, crescono illimitatamente all'infinito oppure, al massimo, tendono ad un valore finito. Così, le forze centrifughe che nascono in un sistema di riferimento ruotante tendono all'infinito quando ci si allontana dall'asse di rotazione. Un campo equivalente ad un sistema di riferimento in moto rettilineo è identico in tutto lo spazio, compreso l'infinito. I campi equivalenti ai sistemi di riferimento non inerziali scompaiono quando si passa ad un sistema di riferimento inerziale. Contrariamente a ciò, i campi gravitazionali *reali (esistenti anche nei sistemi inerziali)* non si possono eliminare con una scelta del sistema di riferimento. Questo risulta già evidente dal differente comportamento all'infinito dei campi gravitazionali *reali* e dei campi equivalenti a sistemi di riferimento non inerziali in quanto, questi ultimi all'infinito non tendono a zero. Quindi, la sola cosa che si possa fare, con una scelta adeguata del sistema di riferimento, è di eliminare il campo gravitazionale, in una regione dello spazio sufficientemente piccola, purchè in essa il campo si possa considerare uniforme. Questo lo si può ottenere scegliendo un sistema di riferimento in moto la cui accelerazione sia uguale all'accelerazione che una particella acquisterebbe se fosse lasciata libera di cadere nella regione di spazio considerata.

Affermato il *principio di equivalenza,* si riapre una vecchia questione sulla propagazione della luce che sembrava essere stata definitivamente risolta con la formulazione della teoria elettromagnetica di Mawell. Infatti, questa teoria prevede che il cammino della luce nel vuoto sia un percorso rettilineo e che il campo gravitazionale non abbia alcun effetto su di essa. Ma per quanto si è visto in precedenza, la presenza di un campo gravitazionale determina un incurvamento della traiettoria che la luce percorre, in contraddizione con la teoria di Maxwell. D'altro canto, sono state proprio le equazioni fondamentali di questa teoria, in contraddizione con il principio di relatività galileiana, che hanno condotto alle trasformazioni di Lorentz. Da quanto detto appare evidente che il principio di equivalenza sia incompatibile con le equazioni fondamentali della teoria di Maxwell. Non volendo rinunciare al principio di equivalenza è necessario modificare le equazioni di Maxwell per modo che si tenga conto dell'interazione del campo gravitazionale con il campo elettromagnetico e quindi che, in assenza di campo gravitazionale, le nuove equazioni si riducono a quelle gà note. Ancora una volta, questa questione viene risolta da Einstein sottoponendo ad una critica rigorosa i concetti di spazio e tempo.

15. SPAZIO EUCLIDEO E SISTEMI DI RIFERIMENTO NON INERZIALI

La struttura matematica dello spazio, nella meccanica newtoniana, è fornita dalla geometria euclidea. Proprietà fondamentali dello spazio euclideo sono: l'omogeneità e l'isotropia; da queste proprietà discende che la lunghezza di un segmento è idipendente dal punto dello spazio in cui ci si trova. Infatti se si consideri un sistema di assi cartesiani nel piano e si dividano gli assi X e Y in intervalli di uguale misura per modo che si possa costruire una rete di quadratini di lato $x = y = 1$ *(vedi la figura (15.1))*.

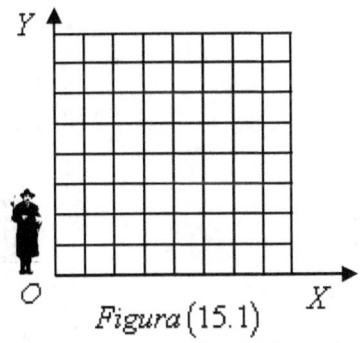

Figura (15.1)

si vede che, nella costruzione del reticolo di quadratini, quando un vertice della rete è il punto di incontro dei lati di tre di essi, la costruzione del successivo quadratino è completamente determinata in quanto, avente due lati in comune con gli altri, non è necessario verificare la congruenza. Così, anche in un sistema di riferimento inerziale, l'omogeneità del tempo implica che l'intervallo temporale tra due eventi è indipendente dal punto nel quale accadono. Nei sistemi di riferimento accelerati non sono più soddisfatte le proprietà di omogeneità e isotropia dello spazio-tempo e, per vederne la ragione, ci si può riferire alla contrazione delle lunghezze, trattata nei pragrafi precedenti, per effetto della quale si ha che la misura di un segmento dello spazio è minore in un sistema di riferimento in moto rispetto a quella misurata in un sistema di riferimento in cui il segmento stesso è in quiete *(vedi equazione (10.8) del paragrafo 10).*

$$(10.8) \quad \Delta l = \Delta l' \sqrt{1 - \frac{u^2}{c^2}}$$

Ora, si consideri un sistema di riferimento S' uniformemente accelerato, nella direzione XX' con velocità inziale $u_0 = 0$, rispetto ad un sistema di riferimeno inerziale S *(vedi la figura (15.2))*. In tal caso, è possibile scrivere la seguente equazione: $u^2 = 2ax$ che posta nell'equazione (10.8) consente di scrivere l' equazione:

$$(15.1) \quad \Delta l = \Delta l' \sqrt{1 - \frac{2ax}{c^2}}$$

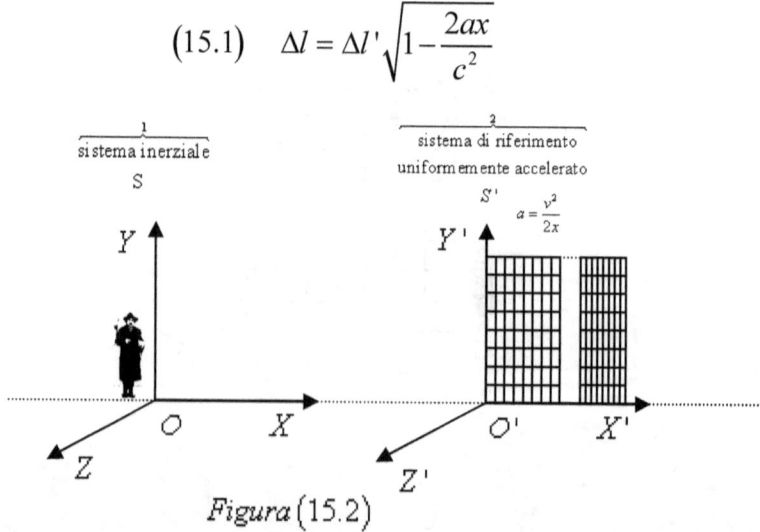

Figura (15.2)

dalla quale si deduce che la lunghezza di un segmento, in un sistema di riferimento non inerziale, dipende dalla sua collocazione spaziale. Quindi si può affermare che i regoli rigidi non conservino la stessa lunghezza entro il sistema di riferimento. D'altro canto, un segmento di retta posto lungo l'asse Z o lungo l'asse Y non si modifica perché, lungo questi assi, non c'è movimento e pertanto risulta: $\Delta z = \Delta y = 0$. Quindi costruendo un reticolo di coordinate in un sistema di riferimento non inerziale, il piano $X'Y'$ risulterà diviso in celle di forma allungata la cui larghezza risulterà via via minore man mano che ci si sposta lungo l'asse delle ascisse X' *(vedi la figura (15.2))*. Pertanto, lo spazio, in un sistema di riferimento non inerziale, non solo è non omogeneo, ma è anche anisotropo perchè, nelle diverse direzioni, le diagonali dei quadratini presentano lunghezze diverse. Per quanto riguarda il tempo esso viene accomunato da un identico destino essendo la quarta coordinata di uno spazio euclideo a 4 dimensioni. Ancora la rottura delle proprietà di omogeneità e isotropia distrugge la simmetria dello spazio euclideo e ciò implica la non conservazione della quantità di moto e del momento angolare. Da quanto detto discende che lo spazio euclideo non è idoneo per una descrizione dei fenomeni fisici nei sistemi di riferimento non inerziali. Per chiarire ulteriormente questa affermazione, si consideri un segmento di retta AB, non parallelo agli assi coordinati, inclinato di un angolo $\pi / 4$ sull'asse delle ascisse X di un sistema di riferimento inerziale S *(vedi la figura (15.3))*.

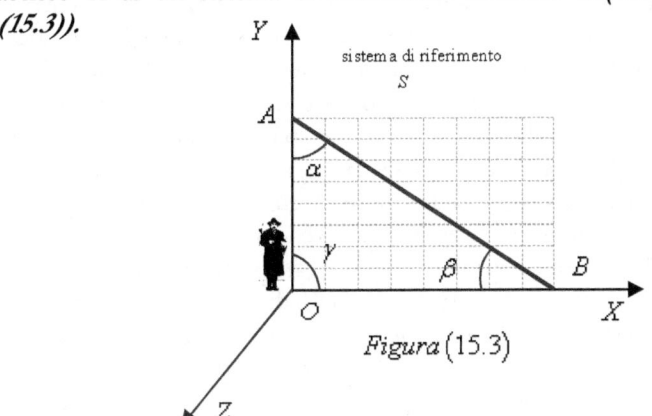

Figura (15.3)

In un sistema di riferimento accelerato il segmento AB si trasforma in una spezzata e, di conseguenza, se l'elemento di lunghezza $\Delta x'$ è infinitesimo, il segmento rettilineo si trasforma in un tratto di linea curva. In tal caso, la somma degli angoli interni del triangolo curvilineo che si ottiene è maggiore di π e dunque la geometria dello spazio considerato diviene non-euclidea *(vedi la figura(15.4))*.

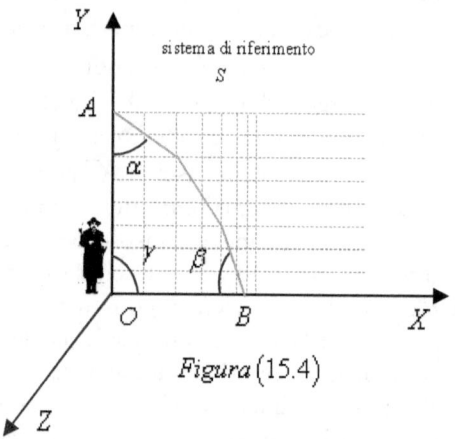

Figura (15.4)

La geometria degli spazi curvi è stata fondata da Gauss che, nei primi anni del 1800, studiò a fondo le proprietà delle superfici di forma qualsiasi. Nelle superfici a due dimensioni, immerse nello spazio a tre dimensioni, le coordinate sono costituite da un doppio sistema di linee che si incontrano formando dei quadrilateri curvilinei. Lasciate cadere la congruenza dei lati elementari e la loro ortogonalità, il sistema di coordinate si adegua alla superficie, e si scopre che esistono delle proprietà invarianti, tipiche di ogni superficie, e indipendenti dal sistema di coordinate. Inoltre si scopre che è possibile esprimere il raggio di curvatura della superficie attraverso proprietà dell'equazione e del sistema di coordinate senza bisogno di passare alla terza dimensione. La possibilità di misurare la curvatura di una superficie rimanendo al suo interno è importante perché, riferita allo spazio fisico, consentirà di parlare di spazio curvo a quattro dimensioni rimanendo all'interno delle dimensioni spazio temporali, cioè senza bisogno di introdurre una quinta dimensione. Dopo Gauss si ha disposizione l'apparato matematico, necessario a trattare gli spazi curvi, ma non è ancora definita una geometria per trattare gli spazi a più di due dimensioni. Successivamente, prima Lobacevskij con la geometria iperbolica, e poi Riemann, con la geometria ellittica, forniscono le basi per una geometria non euclidea idonea alla determinazione della struttura matematica per relatività generale di Einstein. Si consideri una piattaforma ruotante sulla quale sono posti degli orologi *(vedi la figura (1.5.5)*, di cui uno è posto nel suo centro. Per un osservatore inerziale O, esterno alla piattaforma, un orologio, posto alla distanza R dal centro, si muove con velocità angolare $\omega = \dfrac{v}{R}$ e pertanto il suo ritmo è rallentato di un fattore $\sqrt{1 - \dfrac{v^2}{c^2}} = \sqrt{1 - \dfrac{\omega^2 R^2}{c^2}}$ rispetto al suo orologio che segna lo stesso tempo dell'orologio posto al centro della piattaforma.

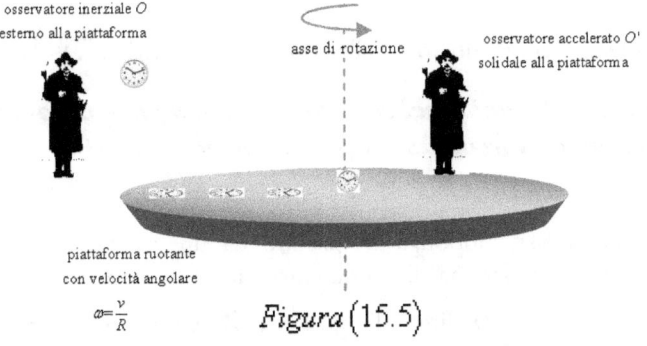

osservatore inerziale O
esterno alla piattaforma

asse di rotazione

osservatore accelerato O'
solidale alla piattaforma

piattaforma ruotante
con velocità angolare

$\omega = \dfrac{v}{R}$

Figura (15.5)

Per un osservatore O', solidale con la piattaforma, il suo orologio, posto al centro della piattaforma, segna lo stesso tempo dell'osservatore inerziale O perchè i due orologi sono entrambi in quiete l'uno rispetto all'altro. Quindi anche l'osservatore O' vede gli altri orologi ritardare nonostante siano in quiete rispetto a lui e ciò è dovuto alla forza centrifuga. D'altro canto, per il principio di equivalenza tra inerzia e gravitazione, segue che il campo di forze centrigughe è equivalente ad un campo gravitazionale centrifugo, agente su una identica piattaforma non ruotante. Questo effetto, noto come dilatazione gravitazionale dei tempi, non è previsto dalla fisica newtoniana. Per spiegare questo effetto, Einstein postula che la presenza di un campo gravitazionale rende la struttura dell'intero spazio- tempo non euclidea.

16. SPAZIO-TEMPO DI EINSTEIN

Si consideri l'elemento di linea dello spazio-tempo di Minkowski espresso nella sua forma più familiare:

$$(16.1) \quad ds^2 = c^2 dt - dx^2 - dy^2 - dz^2$$

Questo elemento di linea conserva il suo valore nel passaggio da un sistema di riferimeto inerziale ad un altro sistema di riferimeto inerziale. *(trasformazioni di Lorentz)*. Ma se si passa ad un altro sistema di riferimento non inerziale il ds^2 deve essere espresso, necessariamente, con una forma quadratica dei differenziali delle coordinate:

$$(16.2) \quad ds^2 = g_{\mu\nu} dx^\mu dx^\nu$$

in cui le $g_{\mu\nu}$ sono funzioni delle coordinate $\left(x^0, x^1, x^2, x^3 \right)$.

Si osservi che qui e nel seguito, in qualunque spazio-tempo, gli indici greci variano da $0,1,2,3$ mentre quelli latini variano da $1,2,3$

Per esempio si supponga di passare da un sistema di riferimento inerziale ad un sistema di riferimento che ruota rispetto al primo con velocità angolare $\vec{\omega}$ diretta lungo l'asse Z. Così facendo si ottengono le seguenti equazioni:

$$(16.3) \quad \begin{cases} x = x' \cos \omega t - y' \sin \omega t \\ y = x' \sin \omega t + y' \cos \omega t \\ z = z' \\ t = t' \end{cases}$$

da cui segue:

$$dx = -\sin(\omega t) \omega dt \, x' + \cos(\omega t) dx' - \cos(\omega t) \omega dt \, y' - \sin(\omega t) dy'$$

$$dy = \cos(\omega t) \omega dt \, x' + \sin(\omega t) dx' - \sin(\omega t) \omega dt \, y' - \cos(\omega t) dy'$$

Quindi il ds^2 assume la seguente forma:

$$(16.4)$$

$$ds^2 = \left[c^2 - \omega^2 \left(x'^2 + y'^2 \right) \right] dt^2 - dx'^2 - dy'^2 - dz'^2 + 2\omega y' dx' dt - 2\omega x' dy' dt$$

l'equazione (16.4), qualunque sia la legge di trasformazione del tempo, non può mai essere ridotta alla somma dei quadrati dei differenziali delle coordinate. Ma per il principio di equivalenza i sistemi di riferimento non inerziali sono equivalenti ai campi gravitazionali quindi, ogni campo gravitazionale è rappresentato da una modifica della metrica dello spazio-tempo determinata dalle grandezze $g_{\mu\nu}$ che nel particolare caso esaminato, assumono i seguenti valori:

$$g_{\mu\nu} = \begin{pmatrix} 1 - \omega^2 \left(x'^2 + y'^2 \right) & 2\omega y' & -2\omega x' & 0 \\ 2\omega y' & -1 & 0 & 0 \\ -2\omega y' & 0 & -1 & 0 \\ 0 & 0 & 0 & -1 \end{pmatrix}$$

Si osservi che la presenza di un campo gravitazionale modifica anche lo spazio-tempo di Minkowski quindi, una teoria relativistica del campo gravitazionale, che da questo momento verrà indicata con il nome di *Teoria della Relatività Generale*, deve essere formulata in uno spazio tempo il cui elemento di linea ds^2 deve essere espresso necessariamente con una forma quadratica del tipo dell'equazione (16.2). Pertanto, si assumerà come modello matematico della teoria della relatività generale uno spazio affine quadridimensionale su cui è definito un tensore metrico $g_{\mu\nu}$ covariante simmetrico di ordine 2 e di segnatura 2 *(per segnatura di una metrica si intende il numero che esprime la differenza fra il numero di autovalori positivi e negativi)*.

Questo modello matematico di spazio-tempo si indicherà con il nome di *Spazio-Tempo di Einstein* e verrà denotato con $(S - T)_E$

Si fa esplicitamente notare che l'interpretazione fisica del tensore metrico $g_{\mu\nu}$ nello spazio-tempo di Einstein discende da quanto è stato detto in precedenza: il tensore metrico $g_{\mu\nu}$ determina completamente il campo gravitazionale.

17. MOTO DI UNA PARTICELLA IN UN CAMPO GRAVITAZIONALE

Si consideri una particella p in un campo gravitazionale, per il principio di equivalenza esiste un sistema di coordinate ξ^α in caduta libera *(sistema di riferimento inerziale locale)* tale che l'quazione del moto della particella è espressa dalla seguente equazione:

$$(17.1) \quad \frac{d^2\xi^\alpha}{d\tau^2} = 0$$

in cui $d\tau^2$ è il tempo proprio definito come:

$$(17.2) \quad d\tau^2 = \eta_{\alpha\beta}d\xi^\alpha d\xi^\beta$$

dove $\eta_{\alpha\beta}$ è il tensore metrico dello spazio-tempo di Minkowski.

Sia x^μ un sistema di coordinate tale che sia $\xi^\alpha = \xi^\alpha\left(x^\mu\right)$, in tal caso l'equazione (17.1) diventa:

$$\frac{d}{d\tau}\left(\frac{d}{d\tau}\xi^\alpha\left(x^\mu\right)\right) = \frac{d}{d\tau}\left(\frac{\partial\xi^\alpha}{\partial x^\mu}\frac{dx^\mu}{d\tau}\right) = \frac{\partial\xi^\alpha}{\partial x^\mu}\frac{d^2x^\mu}{d\tau^2} + \frac{\partial^2\xi^\alpha}{\partial x^\mu\partial x^\nu}\frac{dx^\mu}{d\tau}\frac{dx^\nu}{d\tau} = 0$$

che moltiplicata per $\dfrac{\partial x^\rho}{\partial\xi^\alpha}$ consente di scrivere la seguente equazione:

$$\frac{\partial x^\rho}{\partial\xi^\alpha}\frac{\partial\xi^\alpha}{\partial x^\mu}\frac{d^2x^\mu}{d\tau^2} + \frac{\partial x^\rho}{\partial\xi^\alpha}\frac{\partial^2\xi^\alpha}{\partial x^\mu\partial x^\nu}\frac{dx^\mu}{d\tau}\frac{dx^\nu}{d\tau} = 0$$

in cui utilizzando la relazione: $\dfrac{\partial x^\rho}{\partial \xi^\alpha}\dfrac{\partial \xi^\alpha}{\partial x^\mu} = \delta^\rho_\mu$ si ottiene l'equazione:

$$(17.3) \qquad \frac{d^2 x^\lambda}{d\tau^2} + \Gamma^\lambda_{\mu\nu}\frac{dx^\mu}{d\tau}\frac{dx^\nu}{d\tau} = 0$$

in cui si è posto: $(17.4) \qquad \Gamma^\lambda_{\mu\nu} = \dfrac{\partial x^\lambda}{\partial \xi^\alpha}\dfrac{\partial^2 \xi^\alpha}{\partial x^\mu \partial x^\nu}$

E' possibile verificare, in una trasformazione di coordinate, che le componenti della quantità definita dall'equazione (17.4) si trasformano come le componenti della connessione affine. Quindi, il moto di una particella p ,che si muove nello spazio-tempo di Einstein sotto l'azione di una forza gravitazionale, è determinata dall'equazione (17.3) in cui,

poichè la quantità $\dfrac{d^2 x^\lambda}{d\tau^2}$ è la quadriaccelerazione della particella, si può

ritenere la grandezza $-m\Gamma^\lambda_{\mu\nu}\dfrac{dx^\mu}{d\tau}\dfrac{dx^\nu}{d\tau}$ come la quadriforza agente

sulla particella. Pertanto, dalla relazione di Christoffel *(vedi appendice matematica)* segue che il tensore $g_{\mu\nu}$ svolge il ruolo di potenziale gravitazionale. Si osservi che, relativamente all'equazione (17.2), nel nuovo sistema di coordinate si ha:

$$d\tau^2 = \eta_{\alpha\beta}\frac{\partial \xi^\alpha}{\partial x^\mu}\frac{\partial \xi^\beta}{\partial x^\nu}dx^\mu dx^\nu$$

in cui ponendo:

$$g_{\mu\nu} = \eta_{\alpha\beta}\frac{\partial \xi^\alpha}{\partial x^\mu}\frac{\partial \xi^\beta}{\partial x^\nu}$$

si ottiene l'equazione:

$$(17.5) \qquad d\tau^2 = g_{\mu\nu}dx^\mu dx^\nu$$

che rappresenta il tempo proprio per una particella che si muove nello spazio-tempo di Einstein.

18. RELAZIONE TRA TEORIA NEWTONIANA DELLA GRAVITAZIONE E TEORIA DELLA RELATIVITA' GENERALE

Finora è stato visto che i fenomeni gravitazionali devono essere descritti con la teoria della relatività generale, d'altro canto la teoria newtoniana della gravitazione si applica con successo per la descrizione dei fenomeni gravitazionali nel sistema solare. Quindi, è naturale chiedersi: qual'è la relazione tra le due teorie. Per rispondere a questa domanda, si consideri una particella p che si muove in caduta libera nel sistema solare con velocià v molto più piccola della velocità c della luce. In questa ipotesi si possono trascurare gli effetti della teoria della relatività ristretta sulla particella p, pertanto essa viene accelerata con un'energia cinetica data dalla seguente equazione:

$$(18.1) \qquad \frac{1}{2}mv^2 = m\varphi$$

in cui φ è il potenziale gravitazionale newtoniano normalizzato in modo tale che sia $\varphi(\infty) = 0$.

Dall'equazione (18.1) segue che affinchè si valida la teoria newtoniana della gravitazione, per un sistema isolato di corpi gravitanti, deve essere soddisfatta la seguente condizione:

$$(18.2) \qquad \varphi << 1$$

nota come condizione di campo debole. In tale condizione, l'equazione (17.3) del paragrafo precedente diventa:

$$(18.3) \qquad \frac{d^2 x^\mu}{d\tau^2} + \Gamma^\mu_{00}\left(\frac{dx^0}{d\tau}\right)^2 = 0$$

in quanto si possono trascurare i termini:

$$\frac{dx^1}{d\tau};\quad \frac{dx^2}{d\tau};\quad \frac{dx^3}{d\tau} \quad \text{rispetto a} \quad \frac{dx^0}{d\tau}$$

Utilizzando la relazione di Christoffel si può scrivere la seguente relazione:

$$(18.4) \quad \Gamma^{\mu}_{00} = \frac{1}{2} g^{\mu\nu} \left(g_{\nu 0,0} + g_{0\nu,0} - g_{00,\nu} \right)$$

in cui facendo l'ipotesi che il campo gravitazionale varia molto lentamente *(campo stazionario)* per modo che si possano trascurare tutte le derivate temporali di $g_{\mu\nu}$, l'equazione (18.4) diventa:

$$(18.5) \quad \Gamma^{\mu}_{00} = -\frac{1}{2} g^{\mu\nu} g_{00,\nu}$$

Si osservi che, nell'approsimazione di campo debole, la metrica dello spazio-tempo di Einstein è quasi minkowschiana ed è possibile scrivere la seguente equazione:

$$(18.6) \quad g_{\mu\nu} = \eta_{\mu\nu} + h_{\mu\nu}$$

(si conviene che nell'approssimazione di campo debole l'innalzamento e l'abbassamento degli indici venga fatto con la metrica imperturbata $\eta_{\mu\nu}$)

Utilizzando l'equazione (18.6), l'equazione (18.5) diventa:

$$(18.7) \quad \Gamma^{\mu}_{00} = -\frac{1}{2} \eta^{\mu\nu} h_{00,\nu}$$

che posta nell'equazione (18.3) si ottengono le seguenti equazioni:

$$(18.8) \begin{cases} \dfrac{d^2 x}{d\tau^2} = -\dfrac{1}{2} \left(\dfrac{dt}{d\tau} \right)^2 \nabla h_{00} \\ \dfrac{d^2 t}{d\tau^2} = 0 \end{cases}$$

in cui è stato posto $x^0 \equiv t$ e utilizzata l'ordinaria notazione vettoriale.

Dalla seconda delle equazioni (18.8) si ricava che $\dfrac{dt}{d\tau}$ è costante, allora

dividendo la prima delle equazioni (18.8) per la quantità $\left(\dfrac{dt}{d\tau}\right)^2$ si ottiene l'equazione:

$$(18.9) \quad \frac{d^2x}{dt^2} = -\frac{1}{2}\nabla h_{00}$$

D'altro canto, il corrispondente risultato newtoniano dell'equazione (18.9) è:

$$(18.10) \quad \frac{d^2x}{dt^2} = -\nabla h_{00}$$

Quindi, confrontando l'equazione (18.9) con l'equazione(18.10) si ottiene l'equazione:

$$(18.11) \quad \nabla h_{00} = \nabla(2\varphi)$$

che integrata fornisce il seguente risultato:

$$(18.12) \quad h_{00} = 2\varphi + \text{cost}$$

la cui costante d'integrazione si può determinare osservando che all'infinito il sistema di coordinate è minkowskiano ed il potenziale newtoniano è nullo, quindi è nulla anche la costante d'integrazione. Pertanto si può scrivere l'equazione.

$$(18.13) \quad h_{00} = 2\varphi$$

in cui sostituendo h_{00}, ricavata dall'equazione (18.6), si ottiene l'equazione:

$$(18.14) \quad g_{00} = 1 + 2\varphi$$

che stabilisce la relazione fra teoria newtoniana della gravitazione e teoria della relatività generale.

Si osservi esplicitamente che la teoria newtoniana della gravitazione è una teoria scalare del campo gravitazionale, mentre la teoria della relatività generale è una teoria tensoriale del campo gravitazionale. Pertanto, l'equazione (18.14) consente di affermare che: il successo della teoria newtoniana della gravitazione, di descrivere il campo gravitazionale con un potenziale scalare φ, è dovuto al fatto che, nel limite di campo debole-stazionario, c'è una sola componente significativa del potenziale gravitazionale $g_{\mu\nu}$ ed è la componete g_{00}.

19. EQUAZIONI DI EINSTEIN DEL CAMPO GRAVITAZIONALE

Ora, il problema fondamentale da risolvere è quello di determinare, nello spazio-tempo di Einstein, le equazioni generali che consentono la determinazione del campo gravitazionale da una data distribuzione di massa. Nell'ipotesi di campo gravitazionale debole-stazionario, si può utilizzare la teoria newtoniana della gravitazione ed il problema di determinare il campo gravitazionale da una data distribuzione di massa è risolto dall'equazione di Poisson:

$$(19.1) \quad \nabla^2 \varphi = -4\pi G \rho$$

in cui G è la costante di gravitazione universale e ρ è la densità di massa che che genera il campo gravitazionale. Sempre nell'ipotesi di campo gravitazionale debole-stazionario, il potenziale gravitazionale newtoniano φ è legato al potenziale gravitazionale einsteniano $g_{\mu\nu}$ dall'equazione (18.14) del paragrafo precedente. Inoltre, a causa dell'equivalenza fra massa ed energia, si deve assumere che qualunque distribuzione di energia genera un campo gravitazionale e poichè la densità di energia, di qualunque sistema fisico, è data dalla componente P_{00} del tensore energia-momento del sistema, segue che l'equazione di Poisson esprime il fatto che un certo operatore differenziale del secondo ordine opera sulla componente g_{00} del potenziale gravitazionale $g_{\mu\nu}$ ed il cui risultato è proporzionale alla componente P_{00} del tensore energia-momento del sistema:

$$(19.2) \quad \nabla^2 g_{00} = -8\pi G P_{00}$$

Poichè le equazioni generali del campo gravitazionale devono soddisfare il *principio di covarianza generale* *(di seguito illustrato)*, è naturale assumere che esse siano della forma seguente:

$$(19.3) \quad G_{\mu\nu} = -8\pi G P_{\mu\nu}$$

in cui $P_{\mu\nu}$ è il tensore energia-momento descrivente la distribuzione di materia nello spazio-tempo di Einstein e $G_{\mu\nu}$ un tensore covariante simmetrico di ordine 2 da determinare.

I sistemi di riferimento in moto qualunque sono perfettamente equivalenti dal punto di vista cinematico, questo suggerisce che l'equivalenza deve sussistere anche dal punto di vista dinamico e fisico. Ovviamente, questo non è suscettibile di dimostrazione a priori e solo il successo nei confronti della descrizione del mondo fisico potrà confermare la validità dell'ipotesi. Tuttavia è facile riconoscere che non ci si può limitare all'introduzione dei sistemii di riferimento in moto qualunque. Come ha dimostrato Einstein con l'esempio del sistema di riferimento ruotante, tempo e distanze spaziali nei sistemi non inerziali non possono venire determinati mediante orologi e regoli rigidi; bisogna rinunciare alla geometria euclidea. Quindi non resta altro che ammettere tutti i sistemi di coordinate pensabili. Le coordinate vanno intese come parametri del tutto arbitrari da associare a punti di universo in modo qualunque, purchè univoco e continuo *(sistemi di coordinate di Gauss).* Che un tale schema sia sufficientemente ampio, per la descrizione dell'universo, risulta dale seguenti riflessioni di Einstein: tutte le misure fisiche si riducono a constatazioni di coincidenze spazio-temporali, niente al di fuori di queste coincidenze è osservabile. Ora, se in un sistema di coordinate gaussiane, a due eventi puntuali corrispondono le stesse coordinate, questo si verifica in ogni altro sistema di coordinate gaussiane. Quindi, generalizzando il postulato di relatività si ha:

le leggi della natura devono essere scritte in modo tale da risultare le stesse in ogni sistema di coordinate gaussiane, in modo da essere covarianti rispetto a trasformazioni arbitrarie di coordinate.

Questa affermazione è nota come principio di covarianza generale

Si osservi che questa covarianza è resa possibile dall'introduzione delle $g_{\mu\nu}$ nelle leggi fisiche. In termini matematici ciò si esprime dicendo che le leggi della natura ammettono trasformazioni di punto arbitrarie, una volta introdotta la forma quadratica invariante:

$$(19.4) \qquad ds^2 = g_{\mu\nu}dx^{\mu}dx^{\nu}$$

In realtà, ogni legge della teoria della relatività generale può essere trascritta nella forma generalmente covariante mediante l'introduzione delle $g_{\mu\nu}$. Per questo motivo, Kretschmann espresse, nel 1917, l'opinione che il principio di covarianza generale non esprime il contenuto fisico delle leggi naturali, ma semplicemente qualcosa sulla loro formulazione matematica. A questa opinione si associò pienamente Einstein. Un contenuto fisico viene effettivamente immesso, nella formulazione generalmente covariante, solo dal principio di equivalenza il quale, come è stato visto, ha come conseguenza che la gravitazione viene descritta dalle sole $g_{\mu\nu}$.

Ritornando al problema della determinazione delle equazioni generali del campo gravitazionale per una data distribuzione di massa, si assuma che il tensore $G_{\mu\nu}$ soddisfi le seguenti proprietà:

a) vale l'equazione di conservazione $G^{\mu}_{\nu;\mu} = 0$

b) nell'ipotesi di campo debole-stazionario la componente G_{00} soddisfa la seguente equazione:

$$(19.5) \qquad G_{00} = \nabla^2 g_{00}$$

Dalla proprietà b) segue che il tensore $G_{\mu\nu}$ deve essere lineare nelle derivate seconde di $g_{\mu\nu}$ e la sola espressione possibile, nello spazio-tempo di Einstein, soddisfacente questa proprietà è della forma seguente:

$$(19.6) \qquad G_{\mu\nu} = c_1 R_{\mu\nu} + c_2 g_{\mu\nu} R$$

in cui $R_{\mu\nu}$ è il tensore di Ricci, R la curvatura scalare, c_1 e c_2 due costanti da determinare.

Per determinare c_1 e c_2 si scriva la divegenza covariante del tensore di Einstein in componenti miste:

$$(19.7) \qquad \left(R_\nu^\mu - \frac{1}{2} \delta_\nu^\mu R \right)_{;\mu} = 0$$

in virtù della quale è possibile esprimere la divergenza covariante dell'equazione (19.6) nel modo seguente:

$$(19.8) \qquad G_{\nu;\mu}^\mu = \left(\frac{c_1}{2} + c_2 \right) R_{;\nu}$$

e dovendo $G_{\nu;\mu}^\mu$ soddisfare la proprietà a), segue che esistono le seguenti possibilità:

$$(1.a) \quad c_2 = -\frac{c_1}{2} \qquad ; \qquad (2.a) \quad R_{;\nu} = 0 \qquad \text{(ovunque)}$$

La possibilità (1.a) deve essere esclusa, infatti se si moltiplicano le equazioni (19.3) e (19.6) per $g^{\mu\nu}$ si ottengono, rispettivamente, le seguenti equazioni:

$$(19.9) \quad G_\nu^\mu = (c_1 + 4c_2) R \qquad ; \qquad (19.10) \quad G_\nu^\mu = -8\pi G P_\nu^\mu$$

Confrontando queste due equazioni si ottiene la seguente equazione:

$$(19.11) \qquad (c_1 + 4c_2) R = -8\pi G P_\nu^\mu$$

in cui osservando che per la materia inomogenea è $\dfrac{\partial P^{\mu}_{\nu}}{\partial x^{\nu}} \neq 0$ segue che

è diverso dazero anche $\dfrac{\partial R}{\partial x^{\nu}} \equiv R_{;\nu}$, quindi la possibilità (1.a) deve

essere esclusa. Allora l'equazione (19.6) può essere scritta come:

$$(19.12) \qquad G_{\mu\nu} = c_1\left(R_{\mu\nu} - \frac{1}{2} g_{\mu\nu} R \right)$$

in cui resta da determinare solo la costante c_1. Per fare ciò, si calcoli la componente G_{00} del tensore $G_{\mu\nu}$ utilizzando l'equazione (19.12). Così facendo si ottiene la seguente equazione:

$$(19.13) \qquad G_{00} = c_1\left(R_{00} - \frac{1}{2}\eta_{00} R \right) \Rightarrow G_{00} = c_1\left(R_{00} - \frac{1}{2} R \right)$$

Ora, si esprima la curvatura scalare R in termine della componente temporale del tensore di Ricci. Per fare ciò si osservi prima che la curvatura scalare può esprimersi come:

$$(19.14) \qquad R = \eta^{\mu\nu} R_{\mu\nu} \Rightarrow R = R_{00} + \eta^{ij} R_{ij}$$

sempre nell'ipotesi di campo gravitazionale debole, poichè è: $\left| P_{ij} \right| << \left| P_{00} \right|$ per l'equazione (19.3) è anche $\left| G_{ij} \right| << \left| G_{00} \right|$ pertanto, utilizzando l'equazione (19.12) si può scrivere la seguente relazione:

$$(19.15) \qquad 0 \simeq R_{ij} - \frac{1}{2} g_{ij} R \Rightarrow R_{ij} \simeq \frac{1}{2} g_{ij} R$$

Moltiplicando questa equazione per g^{ij} si ottiene l'equazione:

$$(19.16) \qquad g^{ij} R_{ij} \simeq \frac{3}{2} R \Rightarrow \eta^{ij} R_{ij} \simeq \frac{3}{2} R$$

Sostituendo questa equazione nell'equazione (19.14) si ottiene l'equazione:

$$(19.17) \quad R = -2R_{00}$$

che esprime la curvatura scalare in termini della componente temporale del tensore di Ricci nell'ipotesi di campo gravitazionale debole.

Sostituendo questa equazione nell'equazione (19.13) si ottiene la seguente equazione:

$$(19.18) \quad G_{00} = 2c_1 R_{00}$$

che esprime la componente del tensore $G_{\mu\nu}$ in termini della componente temporale del tensore di Ricci nell'ipotesi di campo gravitazionale debole. Sempre in questa ipotesi si può calcolare la componente temporale del tensore di Ricci utilizzando la parte lineare del tensore di curvatura. Così facendo si ha:

$$(19.19) \quad R_{\lambda\mu\nu\rho} = \frac{1}{2}\left(\frac{\partial^2 g_{\lambda\nu}}{\partial x^\rho \partial x^\mu} - \frac{\partial^2 g_{\mu\nu}}{\partial x^\rho \partial x^\lambda} - \frac{\partial^2 g_{\lambda\rho}}{\partial x^\nu \partial x^\mu} + \frac{\partial^2 g_{\mu\rho}}{\partial x^\nu \partial x^\lambda} \right)$$

in cui facendo l'ipotesi che il campo gravitazionale varia molto lentamente con il tempo *(campo stazionario)* in modo che si possano trascurare tutte le derivate temporali, si ottiene la seguente equazione:

$$(19.20) \quad \begin{cases} R_{0000} \simeq 0 \\ R_{i0j0} = \dfrac{1}{2}\dfrac{\partial^2 g_{00}}{\partial x^i \partial x^j} \end{cases}$$

da cui segue l'equazione:

$$(19.21) \quad R_{00} = \left(R_{i0j0} - R_{0000} \right) = \frac{1}{2}\nabla^2 g_{00}$$

Sostituendo R_{00} dato da questa equazione nell'equazione (19.18), si ottiene l'equazione:

$$(19.22) \quad G_{00} = c_1 \nabla^2 g_{00}$$

che esprime la componente temporale del tensore $G_{\mu\nu}$ in termini di un operatore differenziale del secondo ordine, della componente temporale del potenziale gravitazionale $g_{\mu\nu}$ e della costante c_1.

D'altro canto, poichè in questa ipotesi G_{00}, per la proprietà b), deve soddisfare anche l'equazione (19.5), segue che le equazioni (19.5) e (19.22) sono compatibili se e solo se è $c_1 = 1$: Pertanto l'equazione (19.12) si può scrivere come:

$$(19.23) \qquad G_{\mu\nu} = R_{\mu\nu} - \frac{1}{2} g_{\mu\nu} R$$

in cui si riconosce la forma covariante del tensore di Einstein.

Sostituendo il valore di $G_{\mu\nu}$ dato da questa equazione nell'equazione (19.3), si ottiene l'equazione:

$$(19.24) \qquad R_{\mu\nu} - \frac{1}{2} g_{\mu\nu} R = -8\pi G g_{\mu\rho} g_{\nu\sigma} P^{\rho\sigma}$$

che rappresenta le equazioni generali del campo gravitazionale nello spazio-tempo di Einstein note come *equazioni di campo di Einstein.*

Contraendo l'equazione (19.24) con $g^{\mu\nu}$ si ottiene la seguente equazione:

$$(19.25) \qquad R = 8\pi G P_{\mu}^{\mu}$$

che utilizzata nell'equazione (19.24) consente di scrivere la seguente equazione:

$$(19.26) \qquad R_{\mu\nu} = -8\pi G \left(g_{\mu\rho} g_{\nu\sigma} P^{\rho\sigma} - \frac{1}{2} g_{\mu\nu} P_{\mu}^{\mu} \right)$$

che rappresenta una forma equivalente dell'equazione (19.24).

Ora, è bene osservare che nel derivare le equazioni generali del campo gravitazionale si è dovuto esplicitare il tensore $G_{\mu\nu}$ dell'equazione

(19.3). Per fare ciò sono state imposte, sullo stesso tensore $G_{\mu\nu}$, due condizioni che hanno condotto alla sua determinazione data dall'equazione (19.23) in cui è stata riconosciuta subita la forma covariante del tensore di Einstein. Per determinare le equazioni generali del campo gravitazionale si sarebbe potuto anche assumere, equivalentemente, che il tensore di Einstein fosse stato proporzionale al tensore energia-momento, descrivente la distribuzione di materia nello spazio-tempo di Einstein, verificando a posteriori che, nel limite di campo gravitazionale debole-stazionario, le equazioni di campo si riducono alle equazioni di Poisson della teoria newtoniana della gravitazione. Le equazioni di Einstein sono equazioni differenziali non lineari del secondo ordine alle derivate parziali nelle incognite $g_{\mu\nu}$. La non linearità implica che esse non soddisfano il principio di sovrapposizione e, dalle proprietà di simmetria dei tensori, segue che formano un sistema di dieci equazioni funzionalmente indipendenti ma, se si osserva che il membro di sinistra dell'equazione (19.24) soddisfa la proprietà a), segue che le equazioni funzionalmente indipendenti sono $10 - 4 = 6$, il che significa che ci sono quattro gradi di libertà nella determinazione delle dieci componenti del potenziale gravitazionale $g_{\mu\nu}$. Questi quattro gradi di libertà corrispondono al fatto che se $g_{\mu\nu}$ è una soluzione dell'equazione (19.24) allora lo è anche $\tilde{g}_{\mu\nu}$ che da essa si ottiene mediante una trasformazione arbitraria delle coordinate $x \to \tilde{x}$. Questa ambiguità nella determinazione delle $g_{\mu\nu}$ va eliminate fissando il sistema di coordinate. Dalla proprietà a) segue che la divergenza covariante del tensore energia-momento $P^{\rho\sigma}$ è nulla:

$$(19.27) \qquad P^{\rho\sigma}{}_{;\sigma} = 0$$

Quest'ultimo fatto esprime le leggi di conservazione dell'energia e del momento e ci dice che le equazioni (19.24) contengono le equazioni del moto del Sistema fisico al quale il tensore energia-momento $P^{\rho\sigma}$ si riferisce. Per esempio nel caso di particelle in caduta libera in un campo gravtazionale l'equazione del moto può essere ricavata dal tensore energia-momento per la materia incoerente. L'espressione di questa equazione del moto è la seguente:

$$(19.28) \qquad \frac{d^2x^\lambda}{d\tau^2} + \Gamma^\lambda_{\mu\nu} \frac{dx^\mu}{d\tau} \frac{dx^\nu}{d\tau} = 0$$

che coincide con l'equazione (17.3) del paragrafo 17 ricavata utilizzando il principio di equivalenza.

Si osservi che la teoria della relatività generale, per quanto è stato visto, nell'ipotesi di campo gravitazionale debole-stazionario, si riduce alla teoria newtoniana della gravitazione. In considerazione di questo fatto, quest'ultima teoria è suscettibile di un'interpretazione geometrica in uno spazio-tempo curvo. Infatti, se si sostituisce, nella prima delle equazioni (18.8) del paragrafo 18, il valore di h_{00} dato dall'equazione (18.13), si ottiene:

$$(19.29) \qquad \begin{cases} \dfrac{d^2x^i}{d\tau^2} + \dfrac{\partial\varphi}{\partial x^i}\left(\dfrac{dt}{d\tau}\right)^2 = 0 \\[3mm] \dfrac{d^2t}{d\tau^2} = 0 \end{cases}$$

che rappresenta l'equazione newtoniana del moto per una particella che si muove sotto l'azione di una forza gravitazionale nello spazio euclideo. Confrontando l'equazione (19.29) con l'equazione (17.3) del paragrafo 17, si ottiene:

$$(19.30) \qquad \begin{cases} \Gamma^i_{00} = \dfrac{\partial\varphi}{\partial x^i} \\[3mm] \Gamma^0_{mn} = 0 \end{cases}$$

Quindi, quando si pone nell'equazione (19.29) $\Gamma^i_{00} = \dfrac{\partial\varphi}{\partial x^i}$ allora la si può interpretare in termini geometrici, ovvero le traiettorie che essa descrive nello spazio euclideo possono essere interpretate come geodetiche in uno spazio-tempo curvo. Ancora se si sostituisce, nell'equazione (19.21) il valore di g_{00} dato dall'equazione (18.14) si ottiene l'espressione dell'equazione di Poisson in termini geometrici:

$$(19.31) \qquad R_{0i0j} = \frac{\partial^2 \varphi}{\partial x^i \partial x^j}$$

Per comprendere completamente il significato delle equazioni della teoria newtoniana della gravitazione scritte in termini geometrici e la sua struttura di spazio-tempo, si svilupperà, nel prossimo paragrafo, una formulazione geometrica indipendente dalla teoria della relatività generale e si confronterà lo spazio-tempo einsteniano con quello newtoniano. Si osserva che di tale formulazione si sono interessati Cartan e Friedrichs nel 1920, Trautman nel 1965 e Misner nel 1969.

20. FORMULAZIONE QUADRIDIMENSIONALE DELLA TEORIA NEWTONIANA DELLA GRAVITAZIONE

Si consideri uno spazio quadridimensionale S e sia l'equazione:

$$(20.1) \qquad \tilde{x}^{\mu} = \alpha_{\rho}^{\mu} x^{\rho} + \xi^{\mu}$$

una trasformazione delle coordinate dei punti di S tale che:

$$(20.2) \qquad \alpha_{\rho}^{\mu} = \frac{\partial \tilde{x}^{\mu}}{\partial x^{\rho}} \quad ; \quad \left(\alpha^{-1}\right)_{\nu}^{\sigma} = \frac{\partial x^{\sigma}}{\partial \tilde{x}^{\nu}} \quad ; \quad \alpha_{\rho}^{\mu} \left(\alpha^{-1}\right)_{\nu}^{\rho} = \delta_{\nu}^{\mu}$$

Se si suppone che nell'equazione (20.1) le x^1, x^2, x^3 rappresentino le coordinate cartesiane spaziali e x^0 la coordinata temporale, è possibile definire il *gruppo inomogeneo di Galilei* come il gruppo delle trasformazioni (20.1) soddisfacente le seguenti condizioni:

$$(20.3) \qquad \alpha_0^0 = \pm 1 \quad ; \quad \alpha_r^0 = 0 \quad ; \quad \alpha_r^m \alpha_r^n = \delta^{mn}$$

Queste condizioni sono equivalenti alle seguenti condizioni tensoriali:

$$(20.4) \quad g_{\mu\nu} = \alpha_{\mu}^{\rho} \alpha_{\nu}^{\sigma} g_{\rho\sigma} \qquad ; \qquad (20.5) \quad h^{\mu\nu} = \alpha_{\rho}^{\mu} \alpha_{\sigma}^{\nu} h^{\rho\sigma}$$

in cui i tensori $g_{\mu\nu}$ e $h^{\mu\nu}$ sono scelti in modo tale che le loro componenti non nulle sono:

$$(20.6) \quad g_{00} = 1 \quad ; \quad (20.7) \quad h^{11} = h^{22} = h^{33} = -1$$

Infatti, dalle equazioni (20.4) e (20.6) segue: $\left(\alpha_0^0\right)^2 = 1$ e $\alpha_r^0 = 0$

mentre dalle equazioni (20.5) e (20.7) segue: $\alpha_r^m \alpha_r^n = \delta^{mn}$. Si osservi

che i tensori $g_{\mu\nu}$ e $h^{\mu\nu}$, per come sono stati scelti, sono singolari e

soddisfano la seguente relazione:

$$(20.8) \quad g_{\mu\rho} h^{\rho\nu} = 0$$

Si definisce *spazio-tempo di Galilei* e lo si denota con $\left(S - T\right)_G$ uno

spazio affine S quadridimensionale in cui opera il gruppo inomogeneo

di Galilei e tale che la connessione affine $\Lambda_{\mu\nu}^{\rho}$ sia nulla in qualche

sistema di coordinate.

Se $\Lambda_{\mu\nu}^{\rho}$ è nulla in qualche sistema di coordinate allora dalla legge di

trasformazione delle componenti della connessione e dalla linearità del

gruppo inomogeneo di Galilei segue che $\Lambda_{\mu\nu}^{\rho}$ è nulla in ogni sistema di

coordinate. Ciò implica che è soddisfatta ovunque la seguente

equazione:

$$(20.9) \quad R_{\mu\lambda\nu}^{\rho}\left(\Lambda\right) = 0$$

da cui scende che lo spazio-tempo di Galilei è piatto.

*Si assume come modello matematico della meccanica
newtoniana, nella sua formulazione quadridimensionale, lo
spazio-tempo di Galilei.*

La meccanica newtoniana fa uso dei concetti di spazio assoluto e
tempo assoluto come due concetti distinti e separati. Orbene, vediamo
in che modo è possibile caratterizzare questi concetti nello spazio-
tempo di Galilei. Procedendo in tal senso, si osservi che, per Newton,
lo spazio e il tempo erano concepiti come entità fisiche distinte e
assolute che non cambiano e non vengono alterate dalla presenza di
altre entità. Parlando di spazio e di tempo in questo modo Newton si
riferiva alle loro proprietà geometriche e, poichè a quel tempo era noto
solo la geometria euclidea, non ci sono dubbi sul fatto che quando egli

parlava di spazio intendeva parlare dello spazio euclideo, cioè di uno spazio tri-dimensionale su cui è impostata una geometria piatta. Similmente, il tempo newtoniano doveva essere inteso come uno spazio unidimensionale con una distanza definita su di esso che non è alterata dalla presenza di altre entità. Allora la nozione di tempo assoluto può essere caratterizzata con una famiglia di ipersuperfici ad un parametro τ definite dalla seguente equazione:

$$(20.10) \quad \tau = \tau\left(x^{\mu}\right)$$

e tale che ognuna di esse sia topologicamente equivalente all'iperpiano euclideo tridimensionale.

Due eventi E_1 e E_2 nello spazio-tempo di Galilei $(S-T)_G$ sono simultanei se accadono sulla stessa ipersuperficie $\tau = \mathrm{cost}$ (ipersuperficie di simultaneità assoluta).

Ogni ipersuperficie $\tau = \mathrm{cost}$ è caratterizzata da un valore del parametro τ e può essere posta in corrispondenza biunivoca con un punto di uno spazio unidimensionale: il tempo assoluto di Newton. La nozione di spazio assoluto può essere caratterizzata con una congruenza di curve a tre parametric λ^r definite dalla seguente equazione:

$$(20.11) \quad \lambda^r = \lambda^r\left(x^{\mu}\right) \qquad \left(r = 1,2,3\right)$$

e tale che ognuna di esse interseca un'assegnata ipersuperficie $\tau = \mathrm{cost}$ in un solo punto.

Due eventi E_1 e E_2 in $(S-T)_G$ che accadono in punti distinti di una qualunque curva della congruenza non possono mai essere simultanei, quindi essi possono essere caratterizzati con un parametro che coincide con il parametro associato alle ipersuperfici di simultaneità assoluta.

Ogni curva $\lambda^r = \mathrm{cost}$ può essere posta in corrispondenza biunivoca con un punto di uno spazio euclideo tri-dimensionale: lo spazio assoluto di Newton.

È sempre possibile trovare, nello spazio-tempo di Galilei, un'applicazione che associa le ipersuperfici $\tau = \mathrm{cost}$ con le ipersuperfici $x^0 = \mathrm{cost}$ e la congruenza $\lambda^r = \mathrm{cost}$ con le curve

110

$x^r = \text{cost}$. Segue che i parametri τ e λ^r possono essere fissati in modo tale che sia $\tau \equiv x^0$ e $\lambda^r \equiv x^r$ sicchè, risolvendo le equazioni (20.10) e (20.11) in termini τ e λ^r si ottiene:

$$(20.12) \qquad x^\mu = x^\mu\left(\tau, \lambda^r\right)$$

Si osservi che la normale all'ipersuperficie:

$$(2.13) \qquad n_\mu = \frac{\partial \tau}{\partial x^\mu}$$

è connessa alla tangente di un membro della congruenza che passa per lo stesso punto:

$$(20.14) \qquad u^\mu = \frac{\partial x^\mu}{\partial \tau}$$

dalla relazione seguente:

$$(20.15) \qquad n_\mu u^\mu = 1$$

Le nozioni di tempo assoluto e spazio assoluto consentono di definire, fra gli eventi dello spazio-tempo di Galilei, due tipi di intervallo: *l'intervallo temporale e l'intervallo spaziale.*

Siano E_1 e E_2 due eventi che accadono in punti infinitamente vicini di coordinate x^μ e $x^\mu + dx^\mu$ rispettivamente. Si definisce intervallo temporale fra E_1 e E_2 lo scalare seguente:

$$(20.16) \qquad d\tau^2 = g_{\mu\nu} dx^\mu dx^\nu$$

in cui si è posto:

$$(20.17) \qquad g_{\mu\nu} = \eta_\mu \eta_\nu$$

Segue dall'equazione (20.16) che l'intervallo temporale fra due eventi che accadono sulla stessa ipersuperficie $\tau = \text{cost}$ è nullo. Inoltre, poichè l'equazione (20.16) è integrabile, l'intervallo temporale fra due eventi qualunque è uguale alla differenza dei valori dei parametri che caratterizzano le ipersuperfici di simultaneità assoluta.

Per definire l'intervallo spaziale fra due eventi E_1 e E_2 si supponga che essi siano localizzati su due curve della congruenza descritte rispettivamente dai parametric λ^r e $\lambda^r + d\lambda^r$. Allora il seguente scalare:

$$(20.18) \quad dl^2 = \delta_{rs} d\lambda^r d\lambda^s$$

corrisponde alla geometria euclidea dello spazio tridimensionale.

L'equazione (20.18) è integrabile e la distanza euclidea fra gli eventi E_1 e E_2, localizzati su due curve della congruenza descritte rispettivamente dai parametric λ_1^r e λ_2^r, è:

$$(20.19) \quad l_{12}^2 = \delta_{rs} \left(\lambda_1^r - \lambda_2^r \right)\left(\lambda_1^s - \lambda_2^s \right)$$

Per punti infinitamente vicini si ha:

$$(20.20) \quad d\lambda^r = \frac{\partial \lambda^r}{\partial x^\mu} dx^\mu$$

che posta nell'equazione (20.18) fornisce la seguente equazione:

$$(20.21) \quad dl^2 = -k_{\mu\nu} dx^\mu dx^\nu$$

nella quale si è posto:

$$(20.22) \quad -k_{\mu\nu} = \delta_{rs} \frac{\partial \lambda^r}{\partial x^\mu} \frac{\partial \lambda^s}{\partial x^\nu}$$

L'equazione (20.21) definisce l'intervallo spaziale frag li eventi E_1 e E_2.

Si osservi che quando si fissano i parametri τ e λ^r in modo tale che sia $\tau \equiv x^0$ e $\lambda^r \equiv x^r$, i vettori n_μ e u^r ed il tensore $k_{\mu\nu}$, definiti rispettivamente dale equazioni (20.13) - (20.14) e (20.22), avranno le seguenti componenti:

$$(20.23) \ n_\mu = (1,0,0,0) \ ; \ (20.24) \ u^\mu = (1,0,0,0) \ ; \ (20.25) \ k_{\mu\nu} = (0,-1,-1,-1)$$

dall'equazione (20.23) segue che il tensore $g_{\mu\nu}$, definito dall'equazione (20.17), è identico al tensore $g_{\mu\nu}$ definito dale equazioni (20.4) e (20.6). Allora, l'intervallo temporale fra due eventi può essere equivalentemente definito utilizzando il tensore $g_{\mu\nu}$ definito dalle equazioni (20.4) e (20.6).

Il tensore $k_{\mu\nu}$ con le componenti date dall'equazione (20.25) non è l'inverso del tensore $h^{\mu\nu}$ definito dalle equazioni (20.5) e (20.7). Tuttavia è possibile trovare una relazione che lega il tensore $k_{\mu\nu}$ al tensore $h^{\mu\nu}$. Infatti, si consideri lo scalare seguente:

$$(20.26) \quad dl^2 = -h^{\mu\nu} dx_\mu dx_\nu$$

poichè risulta : $dx_\mu = k_{\mu\rho} dx^\rho$; $dx_\nu = k_{\nu\sigma} dx^\sigma$ si ha la seguente equazione:

$$(20.27) \quad dl^2 = -h^{\mu\nu} k_{\mu\rho} k_{\nu\sigma} dx^\rho dx^\sigma$$

Confrontando questa equazione con l'equazione (20.21) si ottiene l'equazione:

$$(20.28) \quad k_{\rho\sigma} = h^{\mu\nu} k_{\mu\rho} k_{\nu\sigma}$$

che consente di fare la seguente affermazione:

assumere nello spazio-tempo di Galilei l'esistenza di un tensore $k_{\mu\nu}$ soddisfacente la relazione (20.28) equivale a caratterizzare la geometria euclidea.

Ora, si veda in che modo è possibile scrivere, nello spazio-tempo di Galilei, l'equazione del moto per una particella p che si muove sotto l'azione di un campo gravitazionale. Per risolvere questo problema si consideri la linea di universo di una particella p e si considerano le sue quattro coordinate in funzione di un parametro arbitrario λ :

$$(20.29) \quad x^\mu = z^\mu(\lambda)$$

Poichè due punti distinti della linea d'universo della particella p non possono mai corrispondere a due eventi simultanei, essi devono giacere su diverse ipersuperfici di simultaneità assoluta. Allora si scelga il parametro λ dell'equazione (20.29) come il parametro τ, che caratterizza le ipersuperfici $\tau = \text{cost}$, e si definisca la quadrivelocità della particalla p come:

$$(20.30) \qquad v^\mu = \frac{dz^\mu}{d\tau}$$

La quadrivelocità così definita soddisfa la seguente relazione:

$$(20.31) \qquad \eta_\mu v^\mu = 1$$

Si definisce quadrimomento p^μ della particella p di massa m la seguente quantità:

$$(20.32) \qquad p^\mu = mv^\mu$$

La seconda legge del moto è espressa nella forma quadridimensionale dalla seguente equazione:

$$(20.33) \qquad \frac{d}{d\tau} p^\mu = f^\mu$$

in cui supponendo che la massa della particella sia costante lungo tutta la linea di universo, si ottiene la seguente equazione:

$$(20.34) \qquad m \frac{d}{d\tau} v^\mu = f^\mu$$

Se si definisce quadriaccelerazione a^μ di una particella p la quantità:

$$(20.35) \qquad a^\mu = \frac{d}{d\tau} v^\mu$$

l'equazione (20.34) può essere scritta come:

$$(20.36) \qquad ma^\mu = f^\mu$$

ed esprime la seconda legge del moto in termini del prodotto della massa della particella per la sua quadriaccelerazione.

Si può dimostrare che la forza f^μ soddisfa la seguente relazione:

$$(20.37) \quad n_\mu f^\mu = 0$$

Infatti, se si scrive la relazione: $a^\mu = h^{\mu\nu} a_\nu$ e la si sostituisce nell'equazione (20.36), si ottiene l'equazione:

$$(20.38) \quad mh^{\mu\nu} a_\nu = f^\mu$$

che, moltiplicata per n_μ, consente di scrivere l'equazione:

$$(20.39) \quad mn_\mu h^{\mu\nu} a_\nu = n_\mu f^\mu$$

in cui osservando che è: $n_\mu h^{\mu\nu} = 0$ segue l'asserto.

Si osservi che la seconda legge del moto, per come è stata scritta, non può dirsi completa fino a quando non viene specificata la forza f^μ. In generale f^μ può essere funzione delle coordinate della particella p, della velocità e degli oggetti assoluti che caratterizzano la geometria euclidea. In conseguenza di ciò si deve assumere che f^μ si trasforma come un vettore e pertanto deve potersi esprimere come una combinazione lineare di vettori qualunque che includono queste quantità con coefficienti che sono funzioni scalari. Poichè si è interessati a forze che agiscono fra coppie di particelle e che dipendono solo dalla loro posizione simultanea, si può prendere in considerazione la terza legge di Newton la quale richiede che sia:

$$(20.40) \quad f_{ij}^\mu = -f_{ji}^\mu$$

in cui f_{ij}^μ è la forza istantanea che la iesima particella esercita sulla jesima e $-f_{ji}^\mu$ è la forza istantanea che la jesima particella esercita sulla iesima. Queste forze possono essere costruite con il vettore:

$$(20.41) \quad h^{\mu\nu}(z) \frac{\partial s_{ij}}{\partial z^\nu}$$

in cui $h^{\mu\nu}$ è il tensore, definito dalle equazioni (20.5) e (20.7), soddisfacente la relazione (20.28) e s_{ij} la distanza simultanea fra la iesima e la jeisima particella. Esse devono essere della forma:

$$(20.42) \quad f_{ij}^{\mu} = \phi\left(s_{ij}\right) h^{\mu\nu}\left(z_i\right) \frac{\partial s_{ij}}{\partial z_i^{\nu}}$$

in cui $\phi\left(s_{ij}\right)$ è un coefficiente funzione dello scalare s_{ij}. Infatti la forma f_{ij}^{μ} definita dall'equazione (20.42) soddisfa sia l'equazione (20.40) che l'equazione (20.37) come deve essere. Introducendo nell'equazione (20.42) un potenziale U definito come:

$$(20.43) \quad \frac{dU}{ds_{ij}} = -\varphi$$

si ottiene la seguente espressione della forza:

$$(20.44) \quad f_{ij}^{\mu} = -h^{\mu\nu}\left(z_i\right) \frac{\partial U}{\partial z_i^{\nu}}$$

Affinchè questa espressione rappresenti una forza gravitazionale si osservi che, come dimostrò Newton, la forza gravitazionale di attrazione fra due corpi materiali dipende dall'inverso del quadrato della distanza istantanea della coppia dei corpi. Allora questa forza gravitazionale può essere ricavata da un potenziale dato dall'equazione:

$$(20.45) \quad U_{ij} - G \frac{m_i m_j}{s_{ij}}$$

in cui G è la costante di gravitazione universal, m_i e m_j le masse gravitazionali della coppia di corpi e s_{ij} la loro distanza simultanea. Segue che la forza esercitata da un sistema di N particelle materiali sull'iesima particella è:

$$(20.46) \quad f_i^{\mu} = m_i h^{\mu\nu}\left(z_i\right) \frac{\partial \varphi_i}{\partial z_i^{\mu}}$$

in cui φ_i è il potenziale gravitazionale visto dall'iesima particella definito dall'equazione:

$$(20.47) \quad \varphi_i = -\sum_{j \neq i} G \frac{m_j}{s_{ij}}$$

Introducendo nell'equazione (20.46) il potenziale gravitazionale totale $\varphi(x)$ definito dall'equazione:

$$(20.48) \quad \varphi(x) = -\sum_i G \frac{m_i}{s_{xi}}$$

si ottiene l'espressione definitiva della forza gravitazionale:

$$(20.49) \quad f^\mu(x) = h^{\mu\nu}(x) \frac{\partial \varphi(x)}{\partial x^\nu}$$

che sosstituita nell'equazione (20.34) fornisce l'equazione:

$$(20.50) \quad m \frac{dv^\mu}{d\tau} = h^{\mu\nu}(x) \frac{\partial \varphi(x)}{\partial x^\nu}$$

che rappresenta l'equazione del moto per una particella p che si muove, nello spazio-tempo di Galilei, sotto l'azione di una forza gravitazionale.

Si assuma che nello spazio-tempo di Galilei il potenziale gravitazionale, definito dall'equazione (20.48), soddisfa l'equazione di Poisson:

$$(20.51) \quad h^{\mu\nu}(x) \frac{\partial^2 \varphi(x)}{\partial x^\mu \partial x^\nu} = -4\pi G \rho(x)$$

in cui G è la costante di gravitazione universale e $\rho(x)$ è la densità di materia definita dalla seguente equazione:

$$(20.52) \quad \rho(x) = \sum_i m_i \int \delta^4 \left[x^\mu - z_i^\mu(\tau_i) \right] d\tau_i$$

in cui m_i è la massa della iesima particellae e δ^4 è la funzione di Dirac.

Le equazioni (20.50) e (20.51) esprimono il significato della teoria newtoniana della gravitazione nella formulazione quadridimensionale.

21. FORMULAZIONE GENERALMENTE COVARIANTE DELLA TEORIA NEWTONIANA DELLA GRAVITAZIONE

Volendo procedere alla formulazione generalmente covariante della teoria newtoniana della gravitazione si osservi che una siffatta formulazione non può avvenire nello spazio-tempo di Galilei. Infatti, poichè nello spazio-tempo di Galilei opera solo un gruppo particolare di trsformazioni di coordinate, le equazioni della teoria newtoniana della gravitazione sono invarianti solo rispettivamente a questo gruppo di trasformazione. Ciò è incompatibile con la formulazione generalmente covariante in quanto essa richiede che le equazioni della teoria newtoniana della gravitazione siano invarianti rispetto a trasformazioni arbitrarie delle coordinate. Pertanto ne consegue che lo spazio-tempo della teoria newtoniana della gravitazione, nella sua formulazione generalmente covariante, sia uno spazio affine quadridimensionale compatibile con il gruppo di tutte le trasformazioni analitiche delle coordinate. Quest'ultima affermazione consente di fare la seguente osservazione:

Il gruppo di tutte le trasformazioni analitiche delle coordinate contiene il gruppo inomogeneo di Galilei, quindi può capitare che quando si passa da sistemi di coordinate galileiane *(sistemi inerziali di coordinate)* a sistemi arbitrari di coordinate il numero delle componenti dei tensori $g_{\mu\nu}$, $k_{\mu\nu}$ e $h^{\mu\nu}$ possa dipendere dal sistema di coordinate. Per evitare questo inconveniente si devono caratterizzare questi tensori con qualche proprietà invariante e perciò si assume che essi siano rispettivamente un tensore covariante simmetrico di ordine 2 e di segnatura 1, un tensore covariante simmetrico di ordine 2 e di segnatura 3 e un tensore controvariante simmetrico di ordine 2 e di segnatura 3. Inoltre si assume che essi soddisfano le seguenti proprietà:

$$(21.1) \quad g_{\mu\rho}h^{\rho\mu} = 0 \quad ; \quad (21.2) \quad k_{\rho\sigma} = h^{\mu\nu}k_{\mu\rho}k_{\nu\sigma}$$

$$(21.3) \quad g_{\mu\nu\,;\rho} = 0 \quad ; \quad k_{\mu\nu\,;\rho} = 0 \quad ; \quad h^{\mu\nu}{}_{;\rho} = 0$$

Un'altra osservazione che si deve fare è che la teoria newtoniana della gravitazione assume che le interazioni gravitazionali si propagano con velocità infinita. Ciò implica che l'intervallo temporale $d\tau^2$ tra due eventi E_1 e E_2 è nullo. D'altro canto, dovendo essere il concetto di simultaneità un concetto assoluto, si deve richiedere che se $d\tau^2$ è nullo in qualche sistema di coordinate allora esso è nullo in qualunque altro sistema di coordinate. Questo comporta anche che il gruppo di tutte le trasformazioni analitiche deve soddisfare le seguenti condizioni:

$$(21.4) \begin{cases} \tilde{x}^0 = \tilde{x}^0\left(x^0\right) & \dfrac{d\tilde{x}^0}{dx^0} > 0 \text{ oppure } \dfrac{d\tilde{x}^0}{dx^0} < 0 \text{ per tutte le } x^0 \\[2mm] \tilde{x}^r = \tilde{x}^r\left(x^\mu\right) \end{cases}$$

$$(21.5) \begin{cases} x^0 = x^0\left(\tilde{x}^0\right) & \dfrac{dx^0}{d\tilde{x}^0} > 0 \text{ oppure } \dfrac{dx^0}{d\tilde{x}^0} < 0 \text{ per tutte le } x^0 \\[2mm] x^r = x^r\left(\tilde{x}^\mu\right) \end{cases}$$

Si definisce spazio-tempo di Newton e lo si denota con $(S - T)_N$ uno spazio affine quadridimensionale su cui opera il gruppo di tutte le trasformazioni analitiche delle coordinate soddisfacente le condizioni (21.4) e (21.5) ed in cui siano definiti un tensore $g_{\mu\nu}$ covariante simmetrico di ordine 2 e di segnatura 1, un tensore $k_{\mu\nu}$ covariante simmetrico di ordine 2 e di segnatura 3 e un tensore $h^{\mu\nu}$ controvariante simmetrico di ordine 2 e di segnatura 3 soddisfacente le proprietà (21.1), (21.2) e (21.3).

Si assuma come modello matematico della teoria newtoniana della gravitazione nella sua formulazione generalmente covariante lo spazio tempo di Newton

Per scrivere le equazioni della teoria newtoniana della gravitazione nello spazio-tempo di Newton è sufficiente sostiuire, nelle equazioni (20.50) e (20.51) del paragrafo precedente, le derivate ordinarie con le derivate covarianti. Così facendo si ottengono le seguenti equazioni:

$$(21.6) \quad m\frac{Dv^{\mu}}{D\tau} = h^{\mu\nu}\varphi_{;\nu} \quad ; \quad (21.7) \quad h^{\mu\nu}\varphi_{;\mu;\nu} = -4\pi G\rho$$

che esprimono le equazioni della teoria newtoniana della gravitazione in forma generalmente covariante.

Relativamente all'equazione (21.7) si deve osservare che la densità di materia ρ, definita dall'equazione (20.52) del paragrafo precedente, non va bene per una formulazione generalmente covariante in quanto la funzione di Dirac δ^4, presente nell'equazione (20.52), quando è soggetta a trasformazioni arbitrarie delle coordinate si trasforma come una densità tensoriale, diversamente a quanto avviene con le trasformazioni del gruppo di Galilei rispetto al quale si trasforma come un vettore. Pertanto si deve assumere che ρ sia definita dalla seguente equazione:

$$(21.8) \quad \rho = \sum_i m_i \int |g|^{-\frac{1}{2}} \delta^4 \left[x^{\mu} - z_i^{\mu}(\tau_i) \right] d\tau_i$$

in cui $|g|^{-\frac{1}{2}}$ è una densità scalare di peso 1 che può essere trascurata quando ρ è soggetta alle trasformazioni del gruppo di Galilei.

Lo spazio-tempo di Newton sembra attribuire alla teoria newtoniana della gravitazione un significato fisico diverso da quello attribuito dallo spazio-tempo di Galilei. Infatti, mentre quest'ultimo spazio-tempo è piatto quello newtoniano è curvo in quanto il tensore di curvatura $R^{\rho}_{\mu\lambda\nu}$ è diverso da zero. Ma che questa curvatura non sia una curvatura intrinseca dello spazio-tempo di Newton, bensì una curvatura coordinata, è possibile vederlo nel seguente modo: si supponga che la connessione affine $\Lambda^{\rho}_{\mu\nu}$ sia nulla in un punto x_0^{λ}, poichè nello spazio-tempo di Newton opera il gruppo inomogeneo di Galilei segue che esistono sistemi di coordinate *(sistemi di coordinate galileiane)* in cui le componenti della connessione affine $\Lambda^{\rho}_{\mu\nu}$ sono nulle ovunque e ciò implica che il tensore di curvatura è ovunque nullo, sicchè anche lo spazio-tempo di Newton è piatto. D'altro canto, questo è un risultato atteso in quanto è noto già dal 1917 per opera di Kretschmann che fece la seguente affermazione: *il principio di covarianza generale è puramente formale e privo di ogni contenuto fisico.* Ciò implica che qualunque teoria fisica, già esistente in qualunque formulazione, non muta il suo contenuto fisico se viene riformulta in forma generalmente covariante. Ne consegue che le equazioni (21.6) e (21.7) esprimono lo stesso significato fisico delle equazioni (20.50) e (20.51) del paragrafo precedente. Ora si vuole indagare se nello spazio-tempo di Newton la teoria newtoniana della gravitazione oltre a soddisfare il principio di covarianza generale soddisfi anche il principio di equivalenza. Con questo intento, si scriva l'equazione del moto per una particella p che si muove sotto l'azione di un campo garvitazionale:

$$(21.9) \quad ma^{\mu} = f^{\mu}$$

in cui se si esplicita la quadriaccelerazione covariante a^{μ} e la quadriforza covariante f^{μ} si ottiene l'equazione:

$$(21.10) \quad \frac{dv^{\mu}}{d\tau} + \Lambda^{\mu}_{\rho\sigma}v^{\rho}v^{\sigma} = h^{\mu\nu}\varphi_{;\nu}$$

in cui si nota che la quadriaccelerazione covariante è costituita dalla somma dei due termini del primo membro, comunque si riguarderà il termine $\dfrac{dv^{\mu}}{d\tau}$ come la quadriaccelerazione gravitazionale della particella p ed il termine $\Lambda^{\mu}_{\rho\sigma}v^{\rho}v^{\sigma}$ come la quadriforza inerziale agente sulla particella p.

Si osservi che affinchè la teoria newtoniana della gravitazione soddisfa, nello spazio-tempo di Newton il principio di equivalenza, deve essere possibile eliminare, localmente, sulla particella p sia gli effetti gravitazionali che quelli inerziali. Allora si consideri l'equazione (21.10) scritta nel seguente modo.

$$(21.11) \quad \frac{dv^{\mu}}{d\tau} + \left(\Lambda^{\mu}_{\rho\sigma} - g_{\rho\sigma} h^{\mu\nu} \varphi_{;\nu} \right) v^{\rho} v^{\sigma} = 0$$

e si cominci a vedere che gli effetti del campo gravitazionale sulla particella p sono eliminabili se, in un qualunque punto x^{λ}_o dello spazio-tempo di Newton, esiste un sistema di coordinate, fisicamente accettabili, in cui è soddisfatta l'equazione:

$$(21.12) \quad \Lambda^{\mu}_{\rho\sigma} - g_{\rho\sigma} h^{\mu\nu} \varphi_{;\nu} = 0$$

Questa equazione ha il primo membro che si trasforma come la connessione affine quindi, affinchè essa sia soddisfatta è sufficiente considerare un qualunque sistema di coordinate che si ottiene mediante la seguente trasformazione di coordinate:

$$(21.13) \quad x^{\mu} = \tilde{x}^{\mu} - \frac{1}{2} \left(\Lambda^{\mu}_{\rho\sigma} - g_{\mu\nu} h^{\mu\nu} \varphi_{;\nu} \right)_{x^{\lambda}_0} \tilde{x}^{\rho} \tilde{x}^{\sigma}$$

Per fare vedere ciò si può osservare che, quando si passa da un sistema di coordinate galileiane ad un sistema di coordinate arbitrarie, le condizioni (21.4) e (21.5) sulle trasformazioni di coordinate implicano le seguenti equazioni:

$$(21.14) \quad g_{\mu\nu} = 0 \quad \left(\textit{tranne quando } \mu = \nu = 0\right) \quad ; \quad (21.15) \quad k_{\mu 0} = k_{0\mu} = 0$$

$$(21.16) \quad h^{\mu 0} = h^{0\mu} = 0 \quad ; \quad (21.17) \quad \Lambda^{0}_{00} \neq 0 \quad ; \quad (21.18) \quad \Lambda^{0}_{\mu n} = \Lambda^{0}_{n\mu} = 0$$

Inoltre, poichè le parti spaziali dei tensori $k_{\mu\nu}$ e $h^{\mu\nu}$ si trasformano in modo indipendente dalle parti temporali, si può scrivere la seguente relazione:

$$(21.19) \quad k_{mr} h^{rn} = \delta^{n}_{m}$$

che è valida in tutti i sitemi di coordinate. Questo particolare consente di considerare i tensori k_{mn} e h^{mn} come l'uno l'inverso dell'altro e scrivere la relazione:

$$(21.20) \quad \Lambda^r_{mn} = \frac{1}{2} h^{rs} \left(k_{ns,m} + k_{sm,n} - k_{mn,s} \right)$$

nota come relazione di Christoffel tridimensionale.

Segue che poichè gli elementi presenti nella trasformazione (21.13) soddisfano automaticamente le suddette equazioni, un qualunque sistema di coordinate che si ottiene con una trasformazione (21.13) è fisicamente accettabile e annulla gli effetti del campo gravitazionale $\varphi_{,v}$ sulla particella p. Ora di deve vedere se è possibile annullare gli effetti della connessione affine $\Lambda^\mu_{\rho\sigma}$ sulla particella p, in un qualunque punto x^λ_0 dello spazio-tempo di Newton con una conveniente scelta del campo gravitazionale. Che ciò non sia possibile in generale si vede dal fatto che non è possibile sostituire $\Lambda^\mu_{\rho\sigma}$ con $-g_{\mu v} h^{\mu v} \varphi_{,v}$ in quanto le relazioni (21.20) e (21.14) implicano rispettivamente le seguenti relazioni:

$$(21.21) \quad \Lambda^r_{mn} \neq 0 \quad ; \quad (21.22) \quad g_{mn} = 0$$

Ciò nonstante, si può fare l'ipotesi che la particella p si muove così lentamente in modo tale da prendere in considerazione solo le componenti Λ^μ_{00} della connessione affine. Ma anche in questa ipotesi non è possibile annullare gli effetti inerziali sulla particella p: infatti, per poterlo fare si deve sostituire Λ^μ_{00} con $-g_{\mu v} h^{\mu v} \varphi_{,v}$ ma ciò non è possibile perchè le relazioni (21.17) e (21.16) implicano rispettivamentele seguenti relazioni:

$$(21.23) \quad \Lambda^0_{00} \neq 0 \quad ; \quad (21.24) \quad h^{00} = 0$$

Segue che la teoria newtoniana della gravitazione nello spazio-tempo di Newton non soddisfa il principio di equivalenza. Ciò è dovuto al fatto che le forze inerziali e le forze gravitazionali godono di una diversa proprietà di trasformazione, infatti le prime si trasformano secondo la legge di trasformazione della connessione affine mentre le seconde si trasformano secondo la legge di trasformazione dei vettori. Allora per avere una complete equivalenza fra forze inerziali e forze gravitazionali bisogna richiedere un diverso comportamento per le forze gravitazionali. Con questo intento, si introduca sullo spazio-tempo di Newton una connessione affine $\Lambda^{\mu}_{\rho\sigma}$ definita dalla seguente equazione:

$$(21.25) \quad \Gamma^{\mu}_{\rho\sigma} = \Lambda^{\mu}_{\rho\sigma} + \Omega^{\mu}_{\rho\sigma}$$

in cui $\Lambda^{\mu}_{\rho\sigma}$ è la connessione precedente e $\Omega^{\mu}_{\rho\sigma}$ è tale che sia:

$$(21.26) \quad \Omega^{\mu}_{\rho\sigma} = -g_{\mu\nu}h^{\mu\nu}\varphi_{;\nu}$$

Sostituendo la connessione data dall'equazione (21.25) nell'equazione (21.11) si ottiene l'equazione:

$$(21.27) \quad \frac{dv^{\mu}}{d\tau} + \Gamma^{\mu}_{\rho\sigma}v^{\rho}v^{\sigma} = 0$$

che è formalmente identica all'equazione (19.28) *(paragrafo 19)* della teoria della relatività generale ottenuta utilizzando il principio di equivalenza. Segue che quando si introduce sullo spazio-tempo di Newton una connessione affine soddisfacente l'equazione (21.25) e si interpreta l'intera espressione (21.25) come responsabile sia degli effetti inerziali che gravitazionali, allora la teoria newtoniana della gravitazione oltre a soddisfare il principio di covarianza generale soddisfa anche il principio di equivalenza.

L'interpretazione della connessione affine, definita dall'equazione (21.25) come responsabile sia degli effetti inerziali che gravitazionali, equivale ad assegnare una diversa proprietà di trasformazione alle forze gravitazionali *(geometrizzazione del campo gravitazionale)*. Questo particolare mette in evidenza che una formulazione generalmente covariante della teoria newtoniana della gravitazione che soddisfa il principio di equivalenza deve avvenire in uno spazio-tempo curvo e l'espressione di questa curvatura è equivalente all'avere assegnato una diversa proprietà di trasformazione alle forze gravitazionali nello spazio-tempo di Newton. Segue che quando si vuole dare una formulazione quadridimensionale della teoria newtoniana della gravitazione che soddisfa sia il principio di covarianza generale che il principio di equivalenza, si deve assumere come modello matematico lo spazio-tempo di Newton su cui è definita una connessione $\Gamma^{\mu}_{\rho\sigma}$ soddisfacente l'equazione (21.25). Questo modello matematico si distingue dal precedente con la notazione $\left(S-T\right)_{C.N.}$ che deve leggersi spazio-tempo curvo di Newton. Allora, l'equazione (21.27) descrive la traiettoria di una particella p che si muove sotto l'azione di una forza gravitazionale o equivalentemente sotto l'azione di una forza inerziale nello spazio tempo curvo di Newton. Ciò detto, è possibile cominciare a vedere alcune somiglianze tra la relatività generale e la teoria newtoniana della gravitazione formulata nello spazio-tempo curvo di Newton. Entrambe sono:

- *teorie che soddisfano il principio di covarianza generale e il principio di equivalenza*

- *i loro modelli matematici sono entrambbi spazi curvi*

- *le loro equazioni del moto sono formalmente identiche*

la teoria della relatività generale richiede esplicitamente che in assenza di gravitazione lo spazio-tempo di Einstein si riduca, localmente, allo spazio-tempo di Minkowski; si richiede per la teoria newtoniana della gravitazione che in assenza di gravitazione lo spazio-tempo curvo di Newton si riduca, localmente, allo spazio-tempo di Galilei. É opportune osservare che nello spazio-tempo di Galilei quando la connessione $\Lambda^{\mu}_{\rho\sigma}$ è nulla in qualche sistema di coordinate allora è nulla, come già è stato dimostrato, in ogni sistema di coordinate. Quindi dovendo valere l'equazione (20.9) del paragrafo 20 segue che nello spazio-tempo curvo di Newton, diversamente dallo spazio-tempo di Einstein, esistono sistemi di riferimento globali in cui lo spazio-tempo curvo di Newton si reduce ovunque a quello di Galilei. Questo risultato è ottenibile per la teoria della relatività generale solo nel caso banale di spazio-tempo piatto. Infine nello spazio-tempo di Einstein è definita un'unica metrica spazio-tempo non singolare, mentre nello spazio tempo curvo di Newton è definita una metrica temporale e una metrica spaziale separatamente e sono entrambe non singolari. Questo particolare ha come conseguenza che nello spazio-tempo curvo di Newton non è possibile definire i simboli di Christoffel cosa fattibile, invece, nello spazio-tempo di Einstein quindi, in entrambe le teorie è possibile determinare il tensore di curvatura studiando gli effetti gravitazionali ma la sua determinazione studiando gli effetti geometrici è possibile solo nella teoria della relatività generale.

22. EQUAZIONI DI NEWTON DEL CAMPO GRAVITAZIONALE

Nel paragrafo precedente è stato detto che l'espressione della curvatura nello spazio-tempo curvo di Newton equivale ad assegnare una diversa proprietà di trasformazione alle forze gravitazionali, sicchè gli effetti di un campo gravitazionale si manifestano attrverso la curvatura dello spazio-tempo. Allora per formulare *(nello spazio-tempo curvo di Newton)* le equazioni generali che consentono di determinare il campo gravitazionale, da una data distribuzione di massa, si devono scrivere le equazioni che sono soddisfatte dalla connessione affine $\Gamma^{\rho}_{\mu\nu}$.

Si scriva il tensore di Ricci nel seguente modo:

$$(22.1) \quad R_{\mu\nu} = R^{\rho}_{\mu\rho\sigma} = \Gamma^{\rho}_{\mu\nu,\rho} - \Gamma^{\rho}_{\rho\mu,\nu} + \Gamma^{\alpha}_{\nu\mu}\Gamma^{\rho}_{\rho\alpha} - \Gamma^{\alpha}_{\rho\mu}\Gamma^{\rho}_{\nu\alpha}$$

Ponendosi in un sistema di coordinate galileiane e tenendo conto dell'equazione (21.25) del paragrafo precedente, l'equazione (22.1) diventa:

$$(22.2) \quad R_{\mu\nu} = -g_{\mu\nu}h^{\rho\sigma}\frac{\partial^2\varphi}{\partial x^{\rho}\partial x^{\sigma}} + g_{\rho\mu}h^{\rho\sigma}\frac{\partial^2\varphi}{\partial x^{\nu}\partial x^{\sigma}}$$

Il secondo termine del secondo membro dell'equazione (22.2) è nullo per la relazione (21.1) del paragrafo precedente, quindi si ottiene per il tensore di Ricci la seguente espressione:

$$(22.3) \quad R_{\mu\nu} = -g_{\mu\nu}h^{\rho\sigma}\frac{\partial^2\varphi}{\partial x^{\rho}\partial x^{\sigma}}$$

Ma d'altro canto, nei sistemi di coordinate galileiane, vale l'equazione di Poisson che, per facilitare il compito al lettore viene di seguito riscritta:

$$(22.4) \quad h^{\rho\sigma}\frac{\partial^2\varphi}{\partial x^{\rho}\partial x^{\sigma}} = -4\pi G\rho$$

Allora, tenendo conto di quest'ultima equazione, l'equazione (22.3) si può scrivere come:

$$(22.5) \quad R_{\mu\nu} = g_{\mu\nu} 4\pi G \rho$$

in cui sostituendo ρ col suo valore dato dall'equazione (20.52) del paragrafo 20, si ottiene l'equazione :

$$(22.6) \quad R_{\mu\nu} = g_{\mu\nu} 4\pi G \sum_i m_i \int \delta^4 \left[x_i^\rho - z_i^\rho (\tau_i) \right] d\tau_i$$

che può scriversi come:

$$(22.7) \quad R_{\mu\nu} = g_{\mu\nu} g_{\rho\sigma} 4\pi G \sum_i \int m_i v_i^\rho v_i^\sigma \delta^4 \left[x^\mu - z_i^\mu (\tau_i) \right] d\tau_i$$

e ponendo

$$(22.8) \quad P^{\rho\sigma} = \sum_i \int m_i v_i^\rho v_i^\sigma \delta^4 \left[x^\mu - z_i^\mu (\tau_i) \right] d\tau_i$$

l'equazione(22.7) diventa:

$$(22.9) \quad R_{\mu\nu} = 4\pi G g_{\mu\nu} g_{\rho\sigma} P^{\rho\sigma}$$

Poichè nei sistemi di coordinate galileiane l'unica componente non nulla del tensore $g_{\mu\nu}$ è la componente g_{00}, l'equazione (22.9) si può scrivere come:

$$(22.10) \quad R_{\mu\nu} = 4\pi G g_{\mu\rho} g_{\nu\sigma} P^{\rho\sigma}$$

L'equazione (22.10) suggerisce di assumere come equazione di Poisson nello spazio-tempo curvo di Newton la seguente equazione:

$$(22.11) \qquad R_{\mu\nu} - \frac{1}{2} g_{\mu\nu} R = 4\pi G g_{\mu\rho} g_{\nu\rho} P^{\rho\sigma}$$

Le equazioni (22.11) sono equazioni differenziali non lineari alle derivate parziali nell'incognita $\Gamma^{\rho}_{\mu\nu}$. Esse hanno la stessa struttura formale delle equazioni di campo di Einstein ma differiscono in diversi altri punti. Infatti hanno la curvatura scalare $R = 0$ come si può facilmente vedere:

$$R = h^{\mu\nu} R_{\mu\nu} = \frac{1}{2} h^{\mu\nu} g_{\mu\nu} R + 4\pi G h^{\mu\nu} g_{\mu\rho} g_{\nu\sigma} P^{\rho\sigma}$$

in cui tenendo conto della relazione (21.1) segue $R = 0$, mentre le equazioni di Einstein hanno la curvature scalare R proporzionale alla traccia del tensore energia-momento *(vedi equazione (19.25))*. La costante presente nell'equazione (22.11) risulta essere la metà della stessa costante delle equazioni di Einstein. Inoltre, ed è questa la differenza di maggiore rilievo, le equazioni (22.11) non soddisfano la proprietà (10g) *(vedi appendice g)* come le equazioni di Einstein. Questo particolare è dovuto alla singolarità del tensore $g_{\mu\nu}$ ed ha come conseguenza che il tensore energia-momento non verifica l'equazione:

$$(22.12) \qquad P^{\rho\sigma}_{\ ;\sigma} = 0$$

Il che significa che le equazioni di Poisson (22.11), diversamente dalle equazioni di Einstein, non contengono le equazioni del moto del sistema fisico al quale il tensore energia-momento si riferisce, quindi un'equazione del tipo (22.12), per il tensore energia-momento, deve essere postulata separatamente.

osservazioni

l'avvento della teoria della relatività ristretta assume che le propagazioni delle interazioni gravitazionali avvengono con velocità finita e ciò implica che la teoria newtoniana della gravitazione, che assume una velocità infinita, venga riformulata sulla base di questa assunzione. D'altro canto, è stato visto che una siffatta riformulazione non può avvenire nello spazio-tempo di Minkowski ma deve avvenire nello spazio-tempo di Einstein in cui è stato scritto, utilizzando il principio di equivalenza, l'equazione del moto per una particella che si muove sotto l'azione di una forza gravitazionale ed è stata trovata una relazione fra la teoria della relativita generale e la teoria newtoniana della gravitazione. Utilizzando questa relazione sono state scritte le equazioni generali del campo gravitazionale ed è stata data un'interpretazione geometrica, in uno spazio-tempo curvo, alla teoria newtoniana della gravitazione. Per capire quali fossero le proprietà di questo spazio-tempo curvo, è stata sviluppata una formulazione geometrica della teoria newtoniana della gravitazione in modo indipendente dalla teoria della relatività generale. Per cercare una relazione fra la teoria della relatività generale e la teoria newtoniana della gravitazione, formulata nello spazio-tempo curvo di Newton, si può osservare che entrambe le teorie soddisfano sia il principio di covarianza generale che il principio di equivalenza ed il loro diverso significato è rilevabile dai diversi modelli matematici assunti per la loro formulazione. Nel caso einsteniano è stato fatto uso di un'unica metrica spazio-tempo non singolare, invece nel caso newtoniano è stato fatto uso di due metriche separate una spaziale e una temporale entrambe non singolari. Fisicamente questa diversità è dovuta all'esistenza di una velocità limite c nella teoria della relatività generale. Segue che quando $c \to \infty$ la teoria della relatività generale degenera nella teoria newtoniana della gravitazione formulata nello spazio-tempo curvo di Newton. Infine si vuole osservare che poichè in assenza di gravitazione la teoria della relatività generale degenera nella teoria della relatività ristretta e la teoria newtoniana della gravitazione, formulata nello spazio-tempo curvo di Newton, degenera nella meccanica newtoniana in assenza di gravitazione, segue che quando $c \to \infty$ la teoria della relatività ristretta degenera nella meccanica newtoniana in assenza di gravitazione. Pertanto si può considerare lo schema seguente:

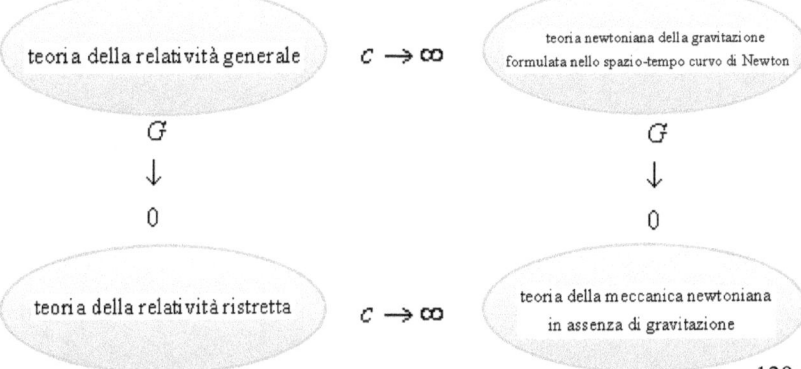

129

La somiglianza fra la teoria della relatività generale e la teoria newtoniana della gravitazione , formulate nello spazio-tempo curvo di Newton, presenta, rispetto all'ulteriore esplorazione della teoria della relatività generale, alcuni vantaggi. In primo luogo, la trascrizione nel formalismo generalmente covariante dei risultati newtoniani noti aiuta, come primo approccio, in una procedura approssimata per la soluzione del corrispondente problema einsteniano. In secondo luogo, essa aiuta a capire alcuni fatti della teoria einsteniana che sono intimamente connessi con la sua struttura quadridimensionale e che non hanno nessuna controparte nella teoria newtoniana, infine consente un nuovo approccio alla cosmologia newtoniana.

23. IL GRUPPO DEGLI AUTOMORFISMI

Formulate le equazioni del campo gravitazionale secondo la teoria della relatività generale e la teoria newtoniana della gravitazione *(formulata nello spazio-tempo curvo di Newton)*, si vuole determinare il campo gravitazionale all'esterno di un corpo avente simmetria sferica, sia *nel caso ensteniano* che *newtoniano* e procedere ad un loro confronto. In quest'ordine di idee, si osservi che, per quanto è stato visto nel paragrafo precedente, la teoria newtoniana della gravitazione *(formulata nello spazio-tempo curvo di Newton)* si ottiene facendo il limite per $c \to \infty$ della teoria della relatività generale. Segue che per determinare il campo gravitazionale all'esterno di un corpo avente simmetria sferica nel caso ensteniano e nel caso newtoniano è sufficiente risolvere le equazioni di Einstein nel vuoto nel caso particolare della *simmetria sferica (soluzione di Schwarzschild nel vuoto)* e fare il limite per $c \to \infty$. Per risolvere questo problema è necessario considerare il fatto che le relazione metriche devono essere invarianti per rotazioni intorno al centro di simmetria e ciò induce a fare alcune considerazioni sugli automorfismi metrici.

In questo paragrafo e nei successivi si intenderà sempre, là dove necessario, che la metrica dello spazio-tempo è non singolare.

Si dice che *un'applicazione biunivoca A* su uno spazio n-dimensionale S_n è un *automorfismo* su S_n se trasforma punti di S_n in punti si S_n

Siano A, P e P' rispettivamente un automorfismo su S_n e una coppia di punti di S_n, la relazione:

$$(23.1) \quad P' = AP$$

significa che il punto P' è il trasformato di P tramite l'automorfismo A .

Evidentemente la relazione:

$$(23.2) \quad P = A^{-1}P'$$

è la trasformazione inversa della (23.1) e A^{-1} è l'automorfismo inverso di A.

Se si fissa un sistema di coordinate Ω su S_n si possono rappresentare i punti P e P', nelle relazione (23.1) e (23.2), rispettivamente, con le coordinate x^i e $x^{\prime i}$ con $i \in \{1, 2, \ldots\ldots, n\}$. Le seguenti relazioni:

$$(23.3) \quad x^{\prime i} = f_A^i\left(x^j\right) \quad ; \quad (23.4) \quad x^i = \phi_A^i\left(x^{\prime j}\right)$$

devono intendersi come le rappresentazioni coordinate della (23.1) e della (23.2)

Si assume in tutto ciò che segue che le funzioni f_A^i e ϕ_A^i siano derivabili e che abbiano tante derivate per quante ne occorrono.

Si osservi che:

qualunque automorfismo ha l'inverso:

se A è l'automorfismo su S_n $\quad A : x^{\prime i} = f_A^i\left(x^j\right)$

allora $A^{-1} : x^i = \phi_A^i\left(x^{\prime j}\right)$ è il suo inverso

esiste l'automorfismo identico: $I : x^{\prime i} = x^i$

il prodotto di due automorfismi è ancora un automorfismo:

se A e B sono i due automorfismi:

$$A : x^{\prime i} = f_A^i\left(x^j\right) \quad ; \quad B : x^{\prime\prime i} = f_B^i\left(x^{\prime j}\right)$$

allora il prodotto definito da: $C = BA \quad C : x^{\prime\prime i} = f_B^i\left[f_A^j\left(x^k\right)\right]$

che può scriversi come: $C : x^{\prime\prime i} = f_C^i\left(x^j\right)$ è un automorfismo su S_n

Se A, B, C sono tre automorfismi su S_n, allora $(AB)C = A(BC)$

Infatti si ha:

$$C: x''^i \, f_C^i\left(x^j\right) \quad ; \quad B: x'''^i \, f_B^i\left(x'^j\right) \quad ; \quad A: x''''^i \, f_A^i\left(x''^j\right)$$

$$\Rightarrow$$

$$\left(AB\right): x''''^i \, f_A^i\left[f_B^j\left(x'^k\right)\right] \quad ; \quad \left(BC\right): x'''^i = f_B^i\left[f_C^j\left(x^k\right)\right]$$

$$\Rightarrow$$

$$\left(AB\right): x''''^i = f_{(AB)}^i\left(x'^j\right) \quad ; \quad \left(BC\right): x'''^i = f_{(BC)}^i\left(x'^j\right)$$

$$\Rightarrow$$

$$\left(AB\right)C: x''''^i = f_{(AB)}^i\left[f_C^i\left(x^k\right)\right] \quad ; \quad \left(AB\right)C: x''''^i = f_{(AB)C}^i\left(x^j\right)$$

$$A\left(BC\right): x''''^i = f_A^i\left[f_{(BC)}^j\left(x^k\right)\right] \quad ; \quad A\left(BC\right): x''''^i = f_{A(BC)}^i\left(x^j\right)$$

$$\Rightarrow$$

$$f_{(AB)C}^i = f_{A(BC)}^i$$

Pertanto gli automorfismi di uno spazio n-dimensionale S_n formano un gruppo che si indica con G_A.

24. GRUPPO DEGLI AUTOMORFISMI AD UN PARAMETRO ED AUTOMORFISMO INFINITESIMO

Sia G_A il gruppo degli automorfismi su uno spazio n-dimensionale S_n, se ogni elemento del gruppo può essere specificato con un parametro a, si parlerà, in tal caso, di *gruppo di automorfismi ad un parametro.*

Si assumerà che l'automorfismo identico si ottiene quando si pone il parametro $a = 0$.

Si consideri un elemento del gruppo ad un parametro G_A e lo si indichi nel modo seguente:

133

$$(24.1) \quad x^{\prime i} = f^{i}\left(x^{j}, a\right)$$

Sviluppando questo elemento in serie di potenze di a intorno al punto $a = 0$ si ottiene la sguente espressione:

$$f^{i}\left(x^{j}, a\right) = f^{i}\left(x^{j}, 0\right) + \left.\frac{\partial f^{i}\left(x^{j}, a\right)}{\partial a}\right|_{a=0} a + \frac{1}{2!}\left.\frac{\partial^{2} f^{i}\left(x^{j}, a\right)}{\partial a^{2}}\right|_{a=0} a^{2} + \ldots\ldots +$$

$$+ \frac{1}{n!}\left.\frac{\partial^{n} f^{i}\left(x^{j}, a\right)}{\partial a^{n}}\right|_{a=0} a^{n} + \ldots\ldots$$

Si definisce *generatore del gruppo degli automorfismi* il coefficiente al primo ordine dello sviluppo in serie di potenze di a della funzione (24.1):

$$(24.2) \quad \xi^{i}\left(x^{j}\right) = \left.\frac{\partial f^{i}\left(x^{j}, a\right)}{\partial a}\right|_{a=0} a$$

Il *generatore* così definito è un *campo vettoriale controvariante*. Infatti, si consideri la seguente trasformazione di coordinate e la sua inversa:

$$(24.3) \quad \tilde{x}^{r} = F^{r}\left(x^{i}\right) \quad ; \quad (24.4) \quad x^{i} = G\left(\tilde{x}^{r}\right)$$

e si cambiano le coordinate al punto P' nell'equazione (24.1). Così facendo si ottiene la seguente espressione:

$$(24.5) \quad \tilde{x}^{\prime r} = F^{r}\left\{f^{i}\left[G^{j}\left(\tilde{x}^{s}\right), a\right]\right\}$$

Questa equazione rappresenta l'equazione (24.1) nel nuovo sistema di coordinate. Eseguendo la sua derivata rispetto al parametro a e valutandola nel punto $a = 0$ si ottiene la seguente espressione:

$$\frac{\partial \tilde{x}^{\prime 2}}{\partial a}\bigg|_{a=0} = \left[\frac{\partial F^r \left\{ f^k \left[G^j \left(\tilde{x}^s \right), a \right] \right\}}{\partial x^i} \frac{\partial f^i \left[G^l \left(\tilde{x}^t \right), a \right]}{\partial a} \right]_{a=0}$$

in cui, applicando la definizione di generatore data dall'equazione (24.2), si ottiene la seguente equazione:

$$(24.6) \qquad \tilde{\xi}^r \left(\tilde{x}^s \right) = \frac{\partial F^r \left(x^{\prime k} \right)}{\partial x^i} \xi^i \left(x^l \right)$$

da cui si vede che le componenti del generatore del gruppo degli automorfismi ad un parametro si trasformano come le componenti controvarianti di un vettore.

Si osservi che l'avere specificato gli elementi del gruppo G_A con un parametro a consente di considerare la trasformazione (24.1) come una variazione graduale dei punti di S_n facendo variare in modo continuo il parametro a : questa circostanza conduce al concetto di **_automorfismo infinitesimo._**

Si supponga che la trasformazione (24.1) trasformi il punto x^i nel punto $x^{\prime i}$ **_(vedi la figura (24.1))._** Se si consideri come valore del parametro $a + da$ si ottiene che la trasformazione (24.1) trasforma il punto x^i nel punto $x^{\prime i} + dx^{\prime i}$. Ma è possibile trovare anche un parametro di valore δa, molto prossimo allo zero, tale che la trasformazione trasformi $x^{\prime i}$ in $x^{\prime i} + dx^{\prime i}$. Quindi, per ottenere la treasformazione $x^i \rightarrow x^{\prime i} dx^{\prime i}$ ci sono due modi alternative:

$$x^{\prime i} + dx^{\prime i} = f^i \left(x^j, a + da \right)$$

oppure

$$x^{\prime i} = f^i \left(x^j, a \right) \quad ; \quad x^{\prime i} + dx^{\prime i} = f^i \left(x^{\prime j}, \delta a \right)$$

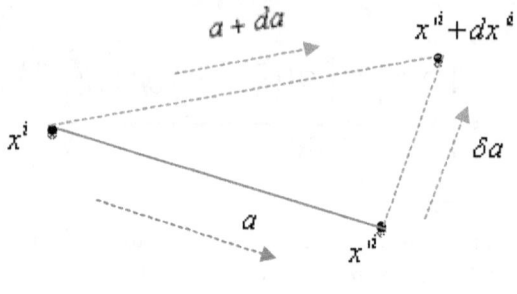

$$\textit{Figura}\,(24.1)$$

Se si considera lo sviluppo in serie di potenze intorno al punto $a = 0$ dell'equazione (24.1) e si pone in essa il valore δa del paramatro *(molto prossimo allo zero)*, si può scrivere la seguente equazione:

$$(24.7) \quad x^{\prime i} = x^i + \xi^i\left(x^j\right)\delta a + 0\left(\delta a^2\right)$$

nota come *automorfismo infinitesimo.*

25. DERIVATA DI LIE

Sia $x^{\prime i} = x^i + \xi^i\left(x^i\right)\delta a + 0\left(\delta a^2\right)$ il gruppo infinitesimo degli automorfismi ad un parametro su uno spazio n-dimensionale S_n. Se è dato un campo tensoriale su S_n si può considerare il suo valore nel punto P e nel punto P'. Si supponga che è dato il tensore nel punto P', allora un secondo tensore lo si può ottenere trasportando il tensore dal punto dal punto P al punto P' secondo l'automorfismo infinitesimo *(trasporto di Lie).* Si prenda in considerazione un campo vettoriale controvariante K^i e si cerchi il risultato del suo trasporto di Lie quando veiene trasportatato dal punto P al punto P'di S_n.

Si consideri K^i come il vettore tangente ad una curva passante per P e descritta da un parametro λ invariante:

$$(25.1) \quad K^i = \frac{dx^i}{d\lambda}$$

Se Q è un altro punto della curva, passante per P, corrispondente al valore del parametro $\lambda + d\lambda$ dove P corrisponde al valore del parametro λ *(vedi la figura (25.1))*, le dx^i nell'equazione (25.1) sono le componenti del vettore infinitesimo PQ.

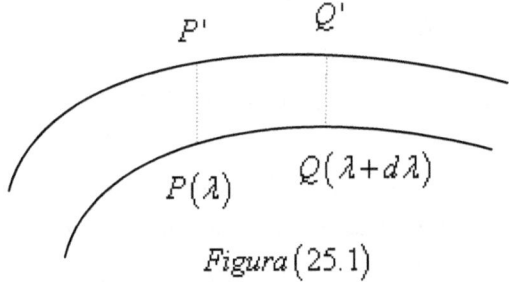

$$\text{Figura}\,(25.1)$$

Si consideri una trasformazione automorfa dei punti P e Q nei punti P' e Q' secondo l'automorfismo infinitesimo e si indichino con δx^i le componenti del vettore $P'Q'$ *(vedi la figura (25.1))*. Secondo l'automorfismo infinitesimo si avrà che P' e Q' hanno rispettivamente le seguenti coordinate:

$$\begin{cases} x''_{P'} = x_P^i + \xi_P^i\left(x^j\right)\delta a \\ x''_{Q'} = x_Q^i + \xi_Q^i\left(x^j\right)\delta a \end{cases}$$

allora le componenti del vettore infinitesimo $P'Q'$ sono date dall'equazione seguente:

$$(25.2) \qquad \delta x^i = dx^i + \delta a \frac{\partial \xi^i\left(x^j\right)}{\partial x^l} dx^l$$

Poiché λ è un parametro invariante consegue che il trasporto di Lie del vettore K^i dal punto P al punto P' è:

$$(25.3) \qquad K_{P \to P'}^i = \frac{\delta x^i}{d\lambda} = K_P^i + \delta a \frac{\partial \xi^i\left(x^j\right)}{\partial x^l} K^l$$

ma nel punto P' il campo vettoriale dato è:

$$(25.4) \qquad K_{P'}^i = K_P^i + \delta a \frac{\partial K^i}{\partial x^l} \xi^l \left(x^j \right)$$

Si definisce **derivata di Lie** per il campo vettoriale controvariante K^i la seguente espressione:

$$(25.5) \qquad L_\xi K^i = \lim_{\delta a \to 0} \frac{K_{P'}^i - K_{P \to P'}^i}{\delta a}$$

Sostituendo in questa equazione i valori di $K_{P'}^i$ e $K_{P \to P'}^i$ dati rispettivamente dalle equazioni (25.4) e (25.3) si ottiene:

$$(25.6) \qquad L_\xi K^i = \frac{\partial K^i \xi^l}{\partial x^l} - \frac{\partial \xi^l}{\partial x^l} K^l$$

Questa equazione è l'espressione della derivata di Lie per un campo vettoriale controvariante, la sua estensione ad un campo tensoriale T su uno spazio S_n si ottiene richiedendo che sia valida la regola di Leibniz e che la derivata di un campo scalare φ sia data dalla seguente equazione:

$$(25.7) \qquad L_\xi \varphi = \frac{\partial \varphi}{\partial x^i} \xi^i$$

26. ISOMETRIE

Siano S_n uno spazio n-dimensionale, g il tensore metrico su S_n e G_A il gruppo ad un parametro degli automorfismi infinitesimi su S_n.

Si dirà che G_A è il gruppo ad un parametro degli **automorfismi infinitesimi metrici** su S_n se per qualunque trasformazione automorfa di S_n si conserva la metrica.

Ora, si vuole determinare la condizione per la quale un automorfismo si possa dire metrico.

Siano $\tilde{x}^i = f^i\left(x^j, \delta a\right)$ un elemento del gruppo G_A su S_n, $P;Q$ e $P';Q'$ due coppie di punti di S_n, infinitamente vicini, che si corrispondono automorficamente mediante l'automorfismo infinitesimo e che abbiano coordinate rispettivamente:

$$\begin{cases} x^i ; x^i + dx^i \\ \tilde{x}^i ; \tilde{x}^i + d\tilde{x}^i \end{cases}$$

Si osservi che la richiesta della conservazione della metrica si traduce nella necessità che l'elemento di linea $P'Q'$ sia uguale all'elemento di linea PQ. Matematicamente questa richiesta è esprimibile con la seguente equazione:

$$(26.1) \qquad g_{ij}\left(\tilde{x}^l\right) d\tilde{x}^i d\tilde{x}^j = g_{kr}\left(x^l\right) dx^k dx^r$$

in cui il membro di sinistra esprime il quadrato della lunghezza del vettore infinitesimo controvariante $d\tilde{x}^i = P'Q'$ e il membro di destra esprime il quadrato della lunghezza del vettore infinitesimo controvariante $dx^k = PQ$.

Sia $\overline{x}^i = f^i\left(x^i\right)$ una trasformazione di coordinate tale che $\overline{x}^i$ coincide proprio con le coordinate $\tilde{x}^i$ del punto P'. Per questa trasformazione di coordinate si avranno le seguenti equazioni:

$$(26.2) \qquad \begin{cases} dx^k = \dfrac{\partial x^k}{\partial \tilde{x}^i} d\tilde{x}^i \\[3mm] dx^r = \dfrac{\partial x^r}{\partial \tilde{x}^j} d\tilde{x}^j \end{cases}$$

Sostituendo questi valori nell'equazione (26.1) si ottiene la seguente equazione: $\quad g_{ij}\left(\tilde{x}^l\right) d\tilde{x}^i d\tilde{x}^j = g_{kr}\left(x^l\right) \dfrac{\partial x^k}{\partial \tilde{x}^i} \dfrac{\partial x^r}{\partial \tilde{x}^j} d\tilde{x}^i d\tilde{x}^j$

e per l'arbitrarietà di $d\tilde{x}^i$ segue l'equazione:

$$(26.3) \qquad g_{ij}\left(\tilde{x}^l\right) = g_{kr}\left(x^l\right)\frac{\partial x^k}{\partial \tilde{x}^i}\frac{\partial x^r}{\partial \tilde{x}^j}$$

in cui il secondo membro, in virtù della legge di trasformazione delle componenti di un tensore covariante, si può scrivere come:

$$(26.4) \qquad \tilde{g}_{ij}\left(\tilde{x}^l\right) = g_{kr}\left(x^l\right)\frac{\partial x^k}{\partial \tilde{x}^i}\frac{\partial x^r}{\partial \tilde{x}^j}$$

e quindi l'equazione (26.3) diventa:

$$(26.5) \qquad g_{ij}\left(\tilde{x}^l\right) = \tilde{g}_{ij}\left(\tilde{x}^l\right)$$

Pertanto, si può affermare che il tensore metrico nel punto P' è uguale al tensore metrico nel punto P ed è questa la condizione che deve essere soddisfatta affinchè il gruppo G_A ad un parametro degli automorfismi infinitesimi su S_n possa dirsi metrico.

Si può fare vedere che l'equazione (26.5) è anche condizione sufficiente.

Infatti, sia $d\tilde{x}^i$ il vettore controvariante infinitesimo che nel sistema di coordinate x^l coincide con il vettore infinitesimo $P'Q'$ e che nel sistema di coordinate $\tilde{x}^l$ coincide con il vettore infinitesimo PQ.

Utilizzando l'equazione (26.5) ed il vettore $d\tilde{x}^i$ si può formare lo scalare seguente:

$$(26.6) \qquad g_{ij}\left(\tilde{x}^l\right)d\tilde{x}^i d\tilde{x}^j = \tilde{g}_{ij}\left(\tilde{x}^l\right)d\tilde{x}^i d\tilde{x}^j$$

Scrivendo per il membro di destra di questa equazione le seguenti espressioni:

$$d\tilde{x}^i = \frac{\partial \tilde{x}^i}{\partial x^k}dx^k \qquad ; \qquad d\tilde{x}^j = \frac{\partial \tilde{x}^j}{\partial x^r}dx^r$$

e sostituendole in esso, si ottiene la seguente espressione:

$$(26.7) \qquad g_{ij}\left(\tilde{x}^l\right) d\tilde{x}^i d\tilde{x}^j = \tilde{g}_{ij}\left(\tilde{x}^l\right) \frac{\partial \tilde{x}^i}{\partial x^k} \frac{\partial \tilde{x}^j}{\partial x^r} d\tilde{x}^k d\tilde{x}^r$$

Tenendo conto della legge di trasformazione delle componenti covarianti di un tensore, l'equazione (26.7) diventa:

$$(26.8) \qquad g_{ij}\left(\tilde{x}^l\right) d\tilde{x}^i d\tilde{x}^j = \tilde{g}_{ij}\left(\tilde{x}^l\right) d\tilde{x}^k d\tilde{x}^r$$

in cui il primo membro esprime il quadrato della lunghezza del vettore infinitesimo $d\tilde{x}^i$ che coincide nel sistema di coordinate x^l con il vettore infinitesimo $P'Q'$, mentre il secondo membro esprime il quadrato della lunghezza del vettore infinitesimo dx^k che coincide nel sistema di coordinate x^l con il vettore infinitesimo PQ. Segue che l'equazione (26.8) implica che l'elemento di linea $P'Q'$ è uguale all'elemento di linea PQ.

27. EQUAZIONE DI KILLING

Se uno spazio n-dimensionale S_n ammette il gruppo G_A ad un parametro degli automorfismi infinitesimi metrici, la derivata di Lie del tensore metrico g è nulla e quindi si può scrivere la seguente equazione:

$$(27.1) \qquad L_\xi g_{rk} = g_{rk,l}\xi^i + g_{lk}\xi^l_{,r} + g_{rl}\xi^l_{,k} = 0$$

che può essere tradotta in forma covariante. Infatti dall'equazione *(4.d) (vedi appendice d)* si ottiene la seguene equazione:

$$(27.2) \qquad g_{rk,l} = g_{ri}\Gamma^i_{kl} + g_{ik}\Gamma^i_{rl}$$

che sostituita nell'equazione (27.1) consente di scrivere la seguente equazione:

$$(27.3) \qquad L_\xi g_{rk} = g_{rl}\left(\xi^l_{,k} + \Gamma^l_{ki}\xi^i\right) + g_{lk}\left(\xi^l_{,r} + \Gamma^l_{ri}\xi^i\right) = 0$$

e poichè valgono le seguenti equazioni:

$$(27.4) \qquad \xi^l_{;k} = \xi^l_{,k} + \Gamma^l_{ki}\xi^i \qquad ; \qquad \xi^l_{;r} = \xi^l_{,r} + \Gamma^l_{ri}\xi^i$$

l'equazione (27.3) diventa:

$$(27.5) \qquad L_\xi g_{rk} = g_{rl}\xi^l_{;k} + g_{lk}\xi^l_{;r}$$

e tenendo conto che il tensore metrico g è covariantemente costante si ottiene la seguente equazione:

$$(27.6) \qquad L_\xi g_{rk} = \xi_{r;k} + \xi_{k;r} = 0$$

nota come **equazione di Killing** che traduce la condizione necessaria e sufficiente affinchè un gruppo di automorfismi metrici infinitesimi su uno spazio n-dimensionale S_n sia metrico.

28. VETTORI DI KILLING

Stante l'equazione di Killing, se ξ_r è un vettore dello spazio che la soddisfa, utilizzando l'equazione (24.7) del paragrafo 24 , è possibile conoscere l'automorfismo infinitesimo metrico.

Si definisce **vettore di Killing** un qualunque vettore dello spazio che soddisfa l'equazione di Killing.

Se ξ_r è un vettore di Killing si può scrivere la seguente equazione:

$$(28.1) \qquad \xi_{r;j;l} - \xi_{r;l;j} = R^i_{rjl}\xi_i$$

in cui utilizzando la regola della somma ciclica e la proprietà di simmetria **9f (vedi appendice f),** l'equazione (28.1) diventa:

$$(28.2) \qquad \xi_{r;j;l} - \xi_{r;l;j} + \xi_{l;r;j} - \xi_{l;j;r} + \xi_{j;l;r} - \xi_{j;r;l} = 0$$

ma essendo ξ_r vettore di Killing deve essere anche:

$$(28.3) \qquad \xi_{l;j} + \xi_{j;l} = 0$$

Le equazione (28.2) e (28.3) sono compatibili se e solo se risulta:

$$(28.4) \qquad \xi_{l;j;r} = \xi_{r;j;l} - \xi_{r;l;j}$$

che può anche scriversi come:

$$(28.5) \qquad \xi_{l;j;r} = R^i_{rjl} \xi_i$$

che esprime la condizione di integrabilità dell'equazione di Killing.

Si osservi che una qualunque combinazione lineare, a coefficienti costanti, di vettori di Killing è ancora un vettore di Killing.

Se è dato il valore di ξ_r e della sua derivate covariante $\xi_{r;j}$ in un punto P, utilizzando l'equazione (28.5), si possono trovare le derivate di ξ_r nel punto P di ordine più elevato, sicchè tutte le derivate di ξ_r nel punto P sono determinate come combinazione lineare di $\xi_r(P)$ e $\xi_{r;j}(P)$. Allora la funzione $\xi_r(x)$, quando esiste, può essere costruita come una serie di Taylor in $(x^i - X^i)$ nell'intorno del punto P, così qualunque vettore di Killing si può esprimere come segue:

$$(28.6) \qquad \xi_l^m(x) = A_l^k(x, P)\xi_k^m(P) + B_l^{ks}(x, P)\xi_{k;s}^m(P)$$

in cui A_l^k e B_l^{ks} sono funzioni che dipendono dalla metrica e da P.

29. SPAZI A SIMMETRIA MASSIMA

Definzione (29.a): si dice che uno spazio metrico n-dimensionale S_n è omogeneo se ammette il gruppo G_A ad un parametro degli automorfismi infinitesimi metrici costituito da n elementi indipendenti e tale che il generatore del gruppo $\xi_l(x)$ possa assumere qualunque valore in qualunque punto P.

Definzione (29.b): si dice che uno spazio metrico n-dimensionale S_n è isotropo intorno ad un suo punto P se ammette il gruppo G_A ad un parametro degli automorfismi infinitesimi metrici costituito da $n(n-1)/2$ elementi indipendenti che lasciano il punto P invariato e tale che il generatore del gruppo $\xi_l(x)$ assuma valore nullo nel punto P e la sua derivata covariante nel punto P assuma qualunque valore soggetta solo alla condizione di antisimmetria data dall'equazione di Killing.

Definzione (29.c): si dice che uno spazio metrico n-dimensionale S_n è a simmetria massima se ammette il gruppo G_A ad un parametro degli automorfismi infinitesimi metrici costituito da $n(n+1)/2$ elementi indipendenti.

Proposizione (29.d): uno spazio metrico n-dimensionale S_n a simmetria massima è necessariamente omogeneo ed isotropo intorno ad ogni suo punto.

Se lo spazio S_n è a simmetria massima, allora esistono $n(n+1)/2$ vettori di Killing linearmente indipendenti che si possono scrivere come:

$$(29.1) \qquad \xi_l^m(x) = A_l^k(x,P)\,\xi_k^m(P) + B_l^{ks}(x,P)\,\xi_{k;s}^m(P)$$

$$m \in \{1,....,n(n+1/2)\}$$

Le quantità ξ_k^m e $\xi_{k;s}^m$ si possono pensare come elementi di una matrice quadrata di $n(n+1)/2$ righe indiciate con m e di $n(n+1)/2$ colonne indiciate con gli n valori di k e gli $n(n-1)/2$ valori di k e s con $k > s$. Questa matrice deve avere determinante non nullo in quanto le quantità ξ_k^m e $\xi_{k;s}^m$ sono tutte indipendenti, sicchè deve essere possibile risolvere, per qualunque vettore riga a_k e $b_{ks} = -b_{sk}$ un'equazione del tipo seguente:

$$(29.2) \qquad \begin{cases} d_m \xi_k^m (P) = a_k \\ d_m \xi_{k;s}^m (P) = b_{ks} \end{cases}$$

Allora si possono trovare i vettori di Killing $\xi_k (x)$ per cui $\xi_k (P)$ prende il valore a_k e $\xi_{k;s}^m$ prende il valore b_{ks}, scegliendo:

$$(29.3) \qquad \xi_k (x) = d_m \xi_k^m (x)$$

ma per a_k è $k \in \{1, \ldots \ldots, n\}$ così lo spazio è omogeneo; b_{ks} è arbitrario (eccetto $b_{ks} = -b_{sk}$) così lo spazio è isotropo intorno al punto P. Segue che uno spazio metrico n-dimensionale S_n è a simmetria massima se e solo se è omogeneo e isotropo intorno ad ogni suo punto.

30. CARATTERIZZAZIONE DEGLI SPAZI A SIMMETRIA MASSIMA

Sia ξ_r un vettore di Killing, si possono scrivere le seguenti equazioni:

$$(30.1) \qquad \xi_{r;j;l;m} - \xi_{r;j;m;l} = R_{ljr}^k \xi_{k;j} + R_{jlm}^k \xi_{r;k}$$

$$(30.2) \qquad \xi_{r;j;l} = R_{ljr}^k \xi_k$$

Queste equazioni sono compatibili se e solo se risulta:

$$(30.3) \qquad \xi_k \left(R_{ljr;m}^k - R_{mjr;l}^k \right) + \xi_{k;m} R_{ljr}^k - \xi_{k;l} R_{mjr}^k = \xi_{k;j} R_{rlm}^k + \xi_{r;k} R_{jlm}^k$$

Questa equazione è riguardata come la condizione di integrabilità dell'equazione (28.5) e tenendo conto delle seguenti relazioni:

$$\xi_{k;m} = \delta_m^s \xi_{k;s} \quad ; \quad \xi_{k;l} = \delta_l^s \xi_{k;s} \quad ; \quad \xi_{k;j} = \delta_j^s \xi_{k;s} \quad ; \quad \xi_{r;k} = \delta_r^s \xi_{k;s}$$

può essere scritta come:

$$(30.4) \quad \left(R^k_{ljr} \delta^s_m - R^h_{mjr} \delta^s_l - R^k_{rlm} \delta^s_j + R^k_{jlm} \right) \xi_{k;s} = \left(R^k_{ljr;m} - R^k_{mjr;l} \right) \xi_k$$

Nell'ipotesi che lo spazio è a simmetria massima, esso deve essere necessariamente omogeneo e isotropo intorno ad ogni suo punto, sicchè l'equazione (30.4) diventa:

$$(30.5) \quad \left(R^k_{lje} \delta^s_m - R^k_{mjr} \delta^s_l - R^k_{rlm} \delta^s_j + R^k_{jlm} \right) \xi_{k;s} = 0$$

Dovendo essere lo spazio omogeneo ed isotropo intorno ad ogni suo punto l'equazione (30.5) è vera su tutto lo spazio e poichè $\xi_{k;s}$ può assumere qualunque valore soggetta solo alla condizione di antisimmetria data dall'equazione di Killing, consegue che la parte antisimmetrica del coefficienti di $\xi_{k;s}$ è nulla. Pertanto si può scrivere su tutto lo spazio la seguente equazione:

$$(30.6) \, R^k_{ljr} \delta^s_m - R^k_{mjr} \delta^s_l - R^k_{rlm} \delta^s_j + R^k_{jlm} \delta^s_r = R^s_{ljr} \delta^k_m - R^s_{mjr} \delta^k_l - R^s_{rlm} \delta^k_j + R^s_{jlm} \delta^k_r$$

contraendo questa equazione rispetto agli indici s ed m, si ottiene la seguente equazione:

$$(30.7) \quad R^k_{ljr} \delta^s_s - R^k_{ljr} - R^k_{rlj} + R_{jlr} k = R^k_{ljr} - R^s_{sjr} \delta^k_l - R^s_{rls} \delta^k_j + R^s_{jls} \delta^k_r$$

in cui tenendo conto delle equazioni *(8.f)* e *(1.g)* *(vedi appendice rispettivamente f e g)*, si ha:

$$(30.8) \quad nR^k_{ljr} - R^k_{ljr} - R^k_{rlj} + R^k_{jlr} = R^k_{ljr} + R_{rl} \delta^k_j - R_{jl} \delta^k_r$$

in cui utilizzando le equazioni *(8.f)* e *(9.f)* *(vedi appendice f)*, si ha l'equazione:

$$(30.9) \quad (n-1) R^k_{ljr} = R_{rl} \delta^k_j - R_{jl} \delta^k_r$$

che moltiplicata per g_{tk} si ottiene la seguente equazione:

$$(30.10) \quad (n-1) R_{tljr} = R_{rt} g_{jt} - R_{jl} g_{rt}$$

che rappresenta la forma completamente covariante dell'equazione (30.9). Ora, osservando che nell'equazione (30.10) c'è antisimmetria rispetto allo scambio degli indici t ed l si può anche scrivere la seguente equazione:

$$(30.11) \qquad R_{rl}g_{jt} - R_{jl}g_{rt} = -R_{rt}g_{jl} + R_{jt}g_{rl}$$

che contratta rispetto a t ed r si ottiene la seguente equazione:

$$(30.12) \qquad R_{jl} = \frac{1}{n}R_r^r g_{jl}$$

che esprime il tensore di Ricci in termini della curvatura scalare R e del tensore metrico g.

Sostituendo nell'equazione (30.10) R_{rl} e R_{jl} dati dall'equazione (30.12) si ottiene l'equazione:

$$(30.13) \qquad R_{tljr} = \frac{1}{n(n-1)}R_r^r \left(g_{rl}g_{jt} - g_{jl}g_{rt} \right)$$

che esprime il tensore di curvatura in termini della curvatura scalare R e del tensore metrico g.

Ora si vuole studiare la dipendenza della curvatura scalare R dalla posizione in uno spazio metrico n-dimensionale S_n a simmetria massima. A tal fine, si considerino le equazioni *(10.g) (vedi appendice g) e (30.12)* rispettivamente nella forma mista:

$$(30.14) \qquad \left(R_k^l - \frac{1}{2}\delta_k^l R_r^r \right)_{;l} = 0 \quad ; \quad (30.15) \qquad R_k^l = \frac{1}{n}R_r^r \delta_k^l$$

Sostituendo R_k^l, dato dall'equazione (30.15), nell'equazione (30.14) si ottiene l'equazione:

$$(30.16) \qquad \left(\frac{1}{n} - \frac{1}{2} \right)\frac{\partial R_r^r}{\partial x^l} = 0$$

dalla quale si deduce che in uno spazio metrico n-dimensionale $(n > 2)$ S_n a simmetria massima la curvatura scalare R_r^r è costante in ogni suo punto.

Se si pone per definizione $R_r^r \equiv -n(n-1)k$ con $k = \text{cost}$ le equazioni (30.12) e (30.13) si possono scrivere come:

$$(30.17) \quad R_{jl} = -k(n-1)g_{jl} \quad ; \quad (30.18) \quad R_{tljr} = k\left(g_{il}g_{rt} - g_{rl}g_{jt}\right)$$

Queste equazioni consentono la dimostrazione della seguente proposizione:

Proposizione (30.a): se uno spazio metrico n-dimensionale S_n è caratterizzato dalle equazioni (30.17) e (30.18), allora esso è univocamente specificato dalla curvatura costante k e dal numero di autovalori positivi e negativi della sua metrica. *(per la dimostrazione vedi appendice a)*

31. COSTRUZIONE DI SPAZI A SIMMETRIA MASSIMA

Uno spazio metrico n-dimensionale S_n *si dice piatto se ha il tensore di curvatura* R_{rjl}^i *identicamente nullo.*

Proposizione (31.a): se uno spazio metrico n-dimensionale S_n, che ammette il gruppo G_A ad un parametro degli automorfi infinitesimi metrici, è piatto allora esso è uno spazio a simmetria massima.

Infatti, nell'ipotesi della proposizione (31.a), l'equazione (30.3) del paragrafo 30 è vuota mentre l'equazione (28.5) del paragrafo 28 diventa:

$$(31.1) \quad \frac{\partial^2 \xi_l}{\partial x^i x^j} = 0$$

che risolta fornisce la seguente equazione:

$$(31.2) \quad \xi_l(x) = b_l + a_{lm}x^m$$

Poichè l'equazione (31.1) è la condizione di integrabilità dell'equazione di Killing, l'equazione(31.2) dovrà soddisfare l'equazione di Killing, ma ciò avverrà se e solo se è:

$$(31.3) \quad a_{lm} = -a_{ml}$$

Si osservi che il primo membro dell'equazione(31.2) può essere riguardato, in virtù dell'equazione (31.3), come un vettore di Killing a $m = n + n(n-1)/2 = n(n+1)/2$ componenti algebricamente indipendenti, sicchè uno spazio metrico piatto n-dimensionale S_n ammette $n(n+1)/2$ vettori di Killing liearmente indipendenti. Ma questo significa anche che lo spazio ammette il gruppo G_A ad un parametro degli automorfismi infinitesimi metrici costituito da $n(n+1)/2$ elementi indipendenti e ciò implica la proposizione (31.a).

Ora sia $S_{(n+1)}$ uno spazio metrico piatto $(n+1)$-dimensionale con una metrica definita dalla seguente equazione:

$$(31.4) \quad ds^2 \equiv g_{AB}dx^A dx^B = C_{ij}dx^i dx^j + k^{-1}dz^2$$

in cui k è una costante qualunque e C_{ij} una matrice costante $m \times m$.

Si immerge in $S_{(n+1)}$ uno spazio S_n n-dimensionale non piatto con le variabili x^i e z ristrette alla superficie di una ipersfera di equazione:

$$(31.5) \quad kC_{ij}x^i x^j + z^2 = 1$$

differenziando quest'equazione si ottiene la sguente equazione:

$$(31.6) \quad dz^2 = \frac{k^2\left(C_{ij}x^i dx^i\right)^2}{z^2}$$

in cui sostituendo z^2 ricavato dall'equazione (31.5) si ottiene l'equazione:

$$(31.7) \qquad dz^2 = \frac{k^2 \left(C_{ij} x^i dx^i \right)^2}{1 - k C_{mn} x^m x^n}$$

Pertanto, l'equazione (31.4) si può scrivere come:

$$(31.8) \qquad ds^2 = C_{ij} dx^i dx^j + \frac{k^2 \left(C_{ij} x^i dx^i \right)^2}{1 - k C_{mn} x^m x^n}$$

quindi, si ottiene il tensore metrico per lo spazio S_n espresso dalla seguente equazione:

$$(31.9) \qquad g_{ij}(x) = C_{ij} + \frac{k^2 C_{is} x^s C_{il} x^l}{1 - k C_{mn} x^m x^n}$$

Si osservi, da quanto detto finora, che lo spazio S_n, caratterizzato dalla metrica (31.9), immerso nello spazio piatto $S_{(n+1)}$, è uno spazio a simmetria massima. Infatti, ciò è vero per costruzione della metrica (31.9). Altresì si deve osservare che l'equazione(31.9) è stata ottenuta con una procedura completamente arbitraria, ma ciò nonostante la proposizione (31.a) consente di affermare che essa è la più generale metrica di uno spazio metrico S_n n-dimensionale a simmetria massima. Ora si vuole precisare il significato della costante k introdotta nelle equazioni (31.4) e (31.5)

Si consideri l'espressione del tensore di curvatura data dall'equazione *(6.f) (vedi appendice f):*

$$R_{irlj} = \frac{1}{2} \left(\frac{\partial^2 g_{il}}{\partial x^r \partial x^j} + \frac{\partial^2 g_{rj}}{\partial x^i \partial x^l} - \frac{\partial^2 g_{ij}}{\partial x^r \partial x^l} - \frac{\partial^2 g_{lr}}{\partial x^i \partial x^j} \right) + g_{mp} \left(\Gamma_{rj}^n \Gamma_{il}^p - \Gamma_{rl}^n \Gamma_{ij}^p \right)$$

in cui utilizzando la relazione di Christoffel e la metrica (31.9) si ottiene l'equazione:

$$(31.10) \qquad R_{tjmn} = k \left(C_{tn} C_{jn} - C_{tm} C_{jm} \right) + k^2 \left(1 - k C_{is} x^i x^s \right)^{-1} +$$
$$+ \left(C_{tn} x_j x_m - C_{tm} x_j x_n + C_{jm} x_t x_n - C_{jn} x_m x_t \right)$$

in cui si è posto $x_j = C_{ji}x^i$, o anche l'equazione seguente:

$$(31.11) \qquad R_{tjmn} = k\left(g_{mj}g_{tn} - g_{nj}g_{tm} \right)$$

Confrontando quest'ultima equazione con l'equazione (30.18) del prcedente paragrafo, consegue che la costante k, introdotta nelle equazioni (31.4) e (31.5) ha lo stesso significato della curvatura costante k presente nell'equazione (30.18)

32. SOTTOSPAZI A SIMMETRIA MASSIMA

Quando si lavora con le trasformazioni di uno spazio che conservano la metrica potrebbe capitare il caso di spazi che non godono della proprietà di massima simmetria, allora diventa interessante studiare questi spazi per vedere se essi sono decomponibili in sottospazi a simmetria massima.

Definizione: (32.a): si dice che uno spazio metrico n-dimensionale S_n, che non gode della proprietà di simmetria massima, è decomponibile in sottospazi m-dimensionali S_m a simmetria massima se ammette il gruppo G_A ad un parametro degli automorfismi infinitesimi metrici costituito da $m(m+1)/2$ elementi indipendenti e tale che sia:

$$(32.1)\begin{cases} \tilde{u}^i = u^i + \delta_a \xi^i \left(u, v \right) + 0 \left(\delta a^2 \right) \\ \tilde{v}^a = v^a \end{cases}$$

in cui le u^i denotano le coordinate dei punti dei sottospazi m-dimensionali e le v^a denotano le coordinate dei punti dei sottospazi $(n-m)$ dimensionali.

Si può dimostrare la seguente proposizione:

Proposizione (32.b): se uno spazio metrico n-dimensionale S_n che non gode della proprietà di simmetria massima è decomponibile in sottospazi m-dimensionali a simmetria massima, allora è sempre possibile scegliere un sistema di coordinate u^i in modo tale che l'elemento di linea ds^2 di S_n possa scriversi come:

$$(32.2) \qquad ds^2 = g_{ab}(v)dv^a dv^b + f(v)\overline{g}_{ij}du^i du^j$$

in cui $a,b \in \{1,\ldots,(n-m)\}$ e $i,j \in \{1,\ldots,m\}$

per la dimostrazione vedi appendice b

33. SPAZIO-TEMPO ISOTROPO DI EINSTEIN

Sia S_n uno spazio n-dimensionale e g la sua metrica, si dirà che g è *lorentziana* se ha segnatura $s = (n-2)$. Segue che la metrica dello spazio-tempo di Einstein è lorentziana.

Si supponga che lo spazio-tempo di Einstein sia isotropo intorno ad ogni punto P e si veda in che modo è possibile scrivere il suo più generale elemento di linea.

Sulla base dei risultati ottenuti nei paragrafi precedenti, si osservi che lo spazio-tempo di Einstein, isotropo intorno ad ogni punto P, non gode della proprietà di simmetria massima, quindi si può studiare la possibilità di decomporlo in sottospazi a simmetria massima.

Si supponga che $(S-T)_E$ sia decomponibile in due sottospazi bidimensionali S_1 e S_2 di cui uno, per esempio S_2, sia a simmetria massima. In questa ipotesi S_2 ammette $2(2+1)/2 = 3$ vettori di Killing linearmente indipendenti, ma dalla proposizione (32.b) attraverso *l'equazione (47.b) (vedi appendice b),* si sa che i vettori di Killing ammessi da uno spazio metrico decomponibile in sottospazi di simmetria massima non dipendono dalle coordinate v^a, sicché lo spazio-tempo di Einstein isotropo intorno ad un punto P ammette il gruppo G_A degli automorfismi infinitesimi metrici costituito da $2(2+1)/2 = 3$ elementi indipendenti e tale che sia:

$$(33.1) \quad \begin{cases} \tilde{u}^i = u^i + \delta_a \xi^i (u,v) + 0\left(\delta_a^2\right) \\ \tilde{v}^a = v^a \end{cases}$$

e quindi, conformemente alla (32.a) è decomponibile in sottospazi bidimensionale di cui uno, S_2, è a simmetria massima. Questo risultato, in base alla (32.b), consente di scrivere il più generale elemento di linea per lo spazio tempo di Einstein $(S-T)_E$ isotropo intorno ad un punto P come:

$$(33.2) \quad ds^2 = g_{ab}(v) dv^a dv^b + f(v) \overline{g}_{ij}(u) du^i du^j$$

Utilizzando l'equazione (31.8) del paragrafo 31, l'equazione (33.2) si può scrivere come:

$$(33.3) \quad ds^2 = g_{ab}(v) dv^a dv^b + f(v) \left\{ C_{ij} dx^i dx^j + \frac{k^2 \left(C_{ij} x^i dx^i\right)^2}{1 - kC_{mn} x^m x^n} \right\}$$

quest'ultima equazione, nell'ipotesi che sia la curvatura costante $k > 0$ e gli autovalori della matrice $\overline{g}_{ij}(u)$ tutti positivi, diventa:

$$(33.4) \quad ds^2 = g_{ab}(v) dv^a dv^b + f(v) k^{-1} \left\{ d\vec{u}^2 + \frac{(\vec{u} \cdot d\vec{u})^2}{1 - \vec{u}^2} \right\}$$

in cui è stata scelta la matrice $C_{ij} k^{-1}$ volte la matrice unità ed utilizzata l'ordinaria notazione vettoriali. Si osservi che il termine seguente:

$$k^{-1} \left\{ d\vec{u}^2 + \frac{(\vec{u} \cdot d\vec{u})^2}{1 - \vec{u}^2} \right\}$$

presente nell'equazione (33.4) si può interpretare come l'elemento di linea della duo-sfera di equazione:

$$(33.5) \quad \vec{u}^2 + z^2 = 1$$

immersa nello spazio piatto tridimensionale di metrica:

$$(33.6) \qquad d\vec{s}^{2} = k^{-1}\left(d\vec{u}^{2} + dz^{2}\right)$$

Introducendo le coordinate angolari θ e φ nel sottospazio S_2 con le seguenti equazioni:

$$(33.7) \qquad \begin{cases} u^{1} = \sin\theta\cos\varphi \\ u^{2} = \sin\theta\sin\varphi \end{cases}$$

l'equazione (33.6) diventa:

$$(33.8) \qquad d\vec{s}^{2} = k^{-1}\left(d\theta^{2} + \sin^{2}\theta d\varphi^{2}\right)$$

che rappresenta l'elemento di linea della duo-sfera di raggio $k^{-\frac{1}{2}}$.

Ora se si tiene conto dell'equazione (33.8) e si pone nel sottospazio S_1 :

$$v^{1} = r \ \text{ e } \ v^{2} = t$$

l'equazione (33.4) può scriversi come:

$$(33.9)\, ds^{2} = \alpha(r,t)\,dr^{2} + \delta(r,t)\,drdt + \gamma(r,t)\,dt^{2}\,\beta(r,t)\left(d\theta^{2} + \sin^{2}\theta d\varphi^{2}\right)$$

in cui è stato posto:

$$\begin{cases} \alpha(r,t) = g_{rr}(r,t) \\ \gamma(r,t) = g_{tt}(r,t) \end{cases} \qquad \begin{cases} \delta(r,t) = 2g_{rt}(r,t) \\ \beta(r,t) = f(r,t)k^{-1} \end{cases}$$

L'equazione (33.9) è nota come la forma canonica del più generale elemento di linea dello spazio-tempo di Einstein isotropo intorno ad un punto P .

34. SOLUZIONE DI SCHWARZSCHILD NEL VUOTO -CASO ENSTENIANO-

Per determinare il campo gravitazionale all'esterno di un corpo a simmetria sferica, nel caso einsteniano, si consideri la metrica data dall'equazione (33.9) *(vedi paragrafo precedente)* e si assuma che tende alla metrica di Minkowski quando la coordinata $r \to \infty$. Questa assunzione corrisponde al fatto fisico che il campo gravitazionale generato da un corpo a simmetria sferica è nullo per un osservatore infinitamente lontano da esso. Si osservi che essa è invariante per il gruppo G_A degli automorfismi infinitesimi metrici, definito dalle equazioni (33.1) *(vedi paragrafo precedente)* che si possono scrivere anche come:

a) le trasformazioni $(\theta, \varphi) \to (\tilde{\theta}, \tilde{\varphi})$ sulla duo-sfera che lasciano invariata l'espressione $d\theta^2 + \sin^2 \theta d\varphi^2$

b) le trasformazioni arbitrarie $(r, t) \to (\tilde{r}, \tilde{t})$

Ora si vuole cercare una forma semplificata della metrica (33.9), a tal fine si osservi che l'assunzione che la metrica (33.9) tenda alla metrica minkowskiana per $r \to \infty$ si traduce matematicamente nell'assumere che sia:

$$(34.1) \qquad \beta(r, t) \neq \text{cost}$$

Inoltre se $\dfrac{\partial \beta}{\partial r} \neq 0$ si può considerare la seguente trasformazione di coordinate:

$$(34.2) \qquad \beta(r, t) = -\tilde{r}^2 \quad ; \quad t = \tilde{t}$$

che sostituita nella metrica (33.9) si ottiene la seguente espressione:

$$(34.3)\, ds^2 = \alpha(r, t) dr^2 + \gamma(r, t) dr d\tilde{t} + \gamma(r, t) d\tilde{t}^2 - r^2 \left(d\theta^2 + \sin^2 \theta d\varphi^2\right)$$

Si consideri altresì la seguente trasformazione di coordinate:

$$(34.4) \qquad r = \tilde{r} \qquad ; \qquad t = \varphi\left(\tilde{r}, \tilde{t}\right)$$

per le quali si chiede che sia: $\dfrac{\partial t}{\partial \tilde{t}} \neq 0$.

Evidentemente la trasformazione inversa della (34.4) è:

$$(34.5) \qquad \tilde{r} = r \qquad ; \qquad \tilde{t} = \varphi\left(r, t\right)$$

Calcolando i differenziali di questa trasformazione si ottiene:

$$d\tilde{r} = dr \qquad ; \qquad d\tilde{t} = \frac{\partial \varphi}{\partial r} dr + \frac{\partial \varphi}{\partial t} dt$$

da cui segue:

$$(34.6) \qquad d\tilde{r} = dr \qquad ; \qquad dt = \frac{\left[d\tilde{t} - \dfrac{\partial \varphi}{\partial r} dr \right]}{\dfrac{\partial \varphi}{\partial t}}$$

Quest'ultime equazioni se vengono utilizzate nell'equazione (34.3) consentono di verificare che il prodotto $d\tilde{r}d\tilde{t}$ ha il seguente coefficiente:

$$(34.7) \qquad \left(\delta \frac{\partial \varphi}{\partial t} - 2\gamma \frac{\partial \varphi}{\partial r} \right)\left(\frac{\partial \varphi}{\partial t} \right)^{-2}$$

Si può annullare il coefficiente di $d\tilde{r}d\tilde{t}$ prendendo come funzione φ una soluzione dell'equazione seguente:

$$(34.8) \qquad \delta \frac{\partial \varphi}{\partial t} - 2\gamma \frac{\partial \varphi}{\partial r} = 0$$

Queste considerazioni consentono di scrivere una forma semplificata della metrica (33.9) nel modo seguente:

$$(34.9) \quad ds^2 = e^{\nu(r,t)}dt^2 - e^{\mu(r,t)}dr^2 - r^2\left(d\theta^2 + \sin^2\theta d\varphi^2\right)$$

in cui l'uso di funzioni esponenziali trova la sua giustificazione in una convenienza nei calcoli che seguiranno e la scelta dei segni è tale che l'elemento di linea risullta del tipo lorentziano. Per determinare completamente il campo gravitazionale all'esterno di un corpo a simmetria sferica bisogna trovare le funzioni e^ν ed e^μ nell'equazione (34.9). Poichè il corpo che genera il campo gravitazionale è ritenuto fermo, si deve richiedere che g non dipenda dalla coordinata temporale t, in tal caso le funzioni ν e μ della (34.9) dipenderanno solo dalla coordinate r. Inoltre la metrica (34.9) ha una forma diagonale, quindi ponendo:

$$(34.10) \quad t = x^0; r = x^1; \theta = x^2; \varphi = x^3$$

si possono scrivere le componenti diagonali come:

$$(34.11) \quad g_{00} = e^\nu; g_{11} = -e^\mu; g_{22} = -r^2; g_{33} = -r^2\sin^2\theta$$

e tenendo conto della relazione $g^{\lambda\nu}g_{\nu\mu} = \delta^\lambda_\mu$ si avranno per le componenti controvarianti le seguenti espressioni:

$$(34.12) \quad g^{00} = e^{-\nu}; g^{11} = -e^{-\mu}; g^{22} = -\frac{1}{r^2}; g^{33} = -\frac{1}{r^2\sin^2\theta}$$

A questo punto si è in grado di calcolare i simboli di Christoffel utilizzando l'equazione *(5.d) (vedi appendice f)* e le equazioni (34.11) e (34.12) . Come esempio si calcoli la componente Γ^1_{00}:

$$\Gamma^1_{00} = \frac{1}{2}g^{11}\left(g_{10,0} + g_{01,0} - g_{00,1}\right)$$

in cui sostituendo i valori per le componenti di g dati dalle equazioni (34.11) e (34.12) si ottiene:

$$(34.13) \quad \Gamma^1_{00} = \frac{1}{2}e^{-\mu+\nu}\nu'$$

in cui è stato posto $v' = \dfrac{dv}{dr}$.

Si noti che i simboli di Christoffel sono quantità simmetriche, quindi si devono avere $n^2(n+1)/2$ quantità algebricamente indipendenti. Ma procedendo nel calcolo di essi si trova che i simboli di Christoffel non nulli sono solo i seguenti:

$$(34.14)\begin{cases} \Gamma^1_{11} = \dfrac{1}{2}\mu' \quad ; \quad \Gamma^1_{22} = -re^{-\mu} \quad ; \quad \Gamma^1_{33} = -re^{-\mu}\sin^2\theta \\[3mm] \Gamma^1_{00} = \dfrac{1}{2}e^{\nu-\mu}v' \quad ; \quad \Gamma^2_{12} = \dfrac{1}{r} \quad ; \quad \Gamma^2_{13} = \dfrac{1}{r} \\[3mm] \Gamma^2_{33} = -\sin\theta\cos\theta \quad ; \quad \Gamma^3_{23} = \dfrac{\cos\theta}{\sin\theta} \quad ; \quad \Gamma^0_{10} = \dfrac{1}{2}v' \end{cases}$$

Ora utilizzando l'equazione *(5.f) (vedi appendice f)* si può scrivere per il tensore di Ricci la seguente espressione:

$$(34.15) \qquad R_{\mu\nu} = -R^\alpha_{\mu\nu\alpha} = -\Gamma^\alpha_{\nu\mu,\alpha} + \Gamma^\alpha_{\alpha\mu,\nu} - \Gamma^\beta_{\nu\beta}\Gamma^\alpha_{\alpha\beta} + \Gamma^\beta_{\alpha\beta}\Gamma^\alpha_{\nu\beta}$$

che può essere calcolata esplicitamente utilizzando i valori dei simboli di Christoffel dati dalle equazioni (34.14). Così facendo si ottiene:

$$(34.16)\begin{cases} R_{00} = e^{\nu-\mu}\left[-\dfrac{v''}{2} - \dfrac{v'}{r} + \dfrac{v'}{4}(\mu' - v') \right] \\[4mm] R_{11} = \dfrac{v''}{2} - \dfrac{\mu'}{r} + \dfrac{v'}{4}(v' - \mu') \\[4mm] R_{22} = \dfrac{1}{\sin^2\theta}R_{33} = e^{-\mu}\left[1 - e^\mu + \dfrac{r}{2}(v' - \mu') \right] \end{cases}$$

in cui utilizzando le equazioni di Einstein nel vuoto: $R_{\mu\nu} = 0$ si trova:

$$(34.17) \quad e^{-\mu} = 1 + \frac{k}{r} \qquad ; \qquad (34.18) \quad e^{\nu} = e^{\lambda}\left(1 + \frac{k}{r}\right)$$

Si osservi che la costante λ presente nell'equazione (34.18) può essere posta uguale a zero. Infatti, considerando il primo termine del secondo membro dell'equazione (34.9): $e^{\nu}dt^2$ e tenendo conto dell'equazione (34.18) è possibile scrivere la seguente relazione:

$$e^{\nu}dt^2 = e^{\lambda}\left(1 + \frac{k}{r}\right)dt^2$$

da cui segue l'equazione:

$$(34.19) \quad e^{\nu}dt^2 = \left(1 + \frac{k}{e}\right)\left[d\left(e^{\frac{\lambda}{2}}t\right)\right]^2$$

Quindi, facendo la trasformazione di coordinate: $t \to e^{\frac{\lambda}{2}}t$ e scrivendo nuovamente t invece di $e^{\frac{\lambda}{2}}t$, si ottiene l'equazione:

$$(34.20) \quad e^{\nu} = e^{-\mu} = 1 + \frac{k}{r}$$

Ora tenendo conto delle equazioni (34.17) e (34.20) l'equazione (34.9) si può scrivere come:

$$(34.21) \quad ds^2 = \left(1 + \frac{k}{r}\right)dt^2 - \left(1 + \frac{k}{r}\right)^{-1}dr^2 - r^2\left(d\theta^2 + \sin^2\theta d\varphi^2\right)$$

Questa equazione rappresenta l'elemento di linea del campo metrico g all'esterno di un corpo fermo a simmetria sferica. Inoltre si osservi che quando $r \to \infty$ il ds^2 nell'equazione (34.21) tende a quello minkowskiano, *come deve essere.*

Ora si supponga che il corpo che genera il campo gravitazionale sia ancora a simmetria sferica ma non sia più fermo. In tal caso la metrica

g dipenderà dalla coordinata temporale. Fisicamente questo problema può corrispondere alla determinazione del campo gravitazionale nello spazio esterno di una stella che pulsa radialmente conservando la simmetria sferica. Per risolvere questo problema si devono nuovamente trovare le funzioni e^{ν} ed e^{μ} dell'equazione (34.9) però, questa volta, esse dipenderanno sia da r che da t *(si denoteranno le derivate rispetto a r con gli apici ' e le derivate rispetto a t con i punti .)*

Procedendo allo stesso modo di come nel caso statico, si trova che i simboli di Christoffel, definiti dalle equazioni (34.14), restano inalterati, però essi aggiungono i seguenti altri tre simboli che non si annullano identicamente:

$$(34.22) \quad \Gamma_{00}^0 = \frac{1}{2}\dot{\nu} \quad ; \quad \Gamma_{10}^1 = \frac{1}{2}\dot{\mu} \quad ; \quad \Gamma_{11}^1 = \frac{1}{2}e^{\mu-\nu}\dot{\mu}$$

Per quanto riguarda le componenti del tensore di Ricci, le componenti R_{22} e R_{33} restano definite dalle equazioni (34.16), mentre le componenti R_{00} e R_{11} presentano termini addizionali:

$$(34.23) \begin{cases} R_{00} = e^{\nu-\mu}\left[-\frac{\nu''}{2}-\frac{\nu'}{r}+\frac{\nu'}{4}(\mu'-\nu')\right]+\frac{1}{2}\left(\ddot{\mu}+\frac{1}{2}\dot{\mu}^2-\frac{1}{2}\dot{\mu}\dot{\nu}\right) \\[4mm] R_{11} = \frac{\nu''}{2}-\frac{\mu'}{r}+\frac{\nu'}{4}(\nu'-\mu')-\frac{1}{2}e^{\mu-\nu}\left(\ddot{\mu}+\frac{1}{2}\dot{\mu}^2-\frac{1}{2}\dot{\mu}\dot{\nu}\right) \end{cases}$$

Inoltre c'è una componente non diagonale che non si anulla identicamente, essa è:

$$(34.24) \quad R_{01} = -\frac{1}{r}\dot{\mu}$$

Ora utilizzando le equazioni di campo $R_{\mu\nu} = 0$, l'equazione (34.24) diventa:

$$(34.25) \quad R_{01} = 0 \Leftrightarrow \dot{\mu} = 0$$

da cui segue che la funzione μ non dipende dalla coordinata temporale, quindi le componenti R_{00} e R_{11} del tensore di Ricci dato dalle equazioni (34.23) diventano nuovamente quelle del caso statico. Conseguentemente si avranno nuovamente le equazioni del caso statico con la sola differenza che la funzione ν dipende anche dal tempo. Procedendo allo stesso modo di come nel caso satico, si trova:

$$(34.26) \quad \mu + \nu = \lambda(t) \Leftrightarrow e^{\nu} = e^{\lambda(t)} e^{-\mu} \quad ; \quad (34.27) \quad e^{-\mu} = 1 + \frac{k}{r}$$

L'equazione (34.27) è stata consentita dal fatto che la funzione μ non dipende linearmente dal tempo. Segue che l'elemento di linea (34.9) assume la forma seguente:

$$(34.28) \quad ds^2 = e^{\lambda(t)} \left(1 + \frac{k}{r}\right) dt^2 - \left(1 + \frac{k}{r}\right)^{-1} dr^2 - r^2 \left(d\theta^2 + \sin^2 d\varphi^2\right)$$

e differisce dall'elemento di linea (34.21) per il fattore $e^{\lambda(t)}$. Questo fattore può essere posto uguale a 1 con una trasformazione della coordinate temporale: $t \to \tilde{t} = f(t)$. Infatti basta prendere

$$\tilde{t} = \int e^{\frac{\lambda(t)}{2}} dt$$

e quindi concludere che il campo gravitazionale di una stella che pulsa radialmente conservando la simmetria sferica è necessariamente statico. *Questo risultato è noto come teorema di Birkoff.*

35. INTERPRETAZIONE FISICA DELLA COSTANTE D'INTEGRAZIONE K

Si può esprimere la costante d'integrazione k, presente nell'elemento di linea (34.21) del paragrafo precedente, mediante la massa del corpo che genera il campo gravitazionale. Infatti a grandi distanze da esso il campo gravitazionale risulta debole e quindi si può ritenere valida la teoria newtoniana della gravitazione. Allora sostituendo nella relazione,

(18.14) *(che viene di seguito riportata per facilitare il compito al lettore):*

$$(18.14) \quad g_{00} = 1 + 2\varphi$$

φ con il suo valore dato dalla seguente equazione:

$$(35.1) \quad \varphi = -G\frac{m}{r}$$

si ottiene la seguente equazione:

$$(35.2) \quad g_{00} = \left(1 - \frac{2mG}{r}\right)$$

Ponendo la costante $k = 2mG$ si vede che essa ha le dimensioni di una lunghezza *(in unità relativistiche $c = 1$).* Chiamando k raggio gravitazionale del corpo che genera il campo e indicandolo r_g si avrà che l'elemento di linea (34.21) acquista la seguente forma definitva:

$$(35.3) \quad ds^2 = \left(1 - \frac{r_g}{r}\right)dt^2 - \left(1 - \frac{r_g}{r}\right)^{-1}dr^2 - r^2\left(d\theta^2 + \sin^2 d\varphi^2\right)$$

36. SOLUZIONE DI SCWARZSCHILD NEL VUOTO -CASO NEWTONIANO-

Per determinare il campo gravitazionale all'esterno di un corpo a simmetria sferica, nel caso newtoniano, si deve determinare la connessione affine $\Gamma^\rho_{\mu\nu}$ soddisfacente l'equazione (21.25) del paragrafo 21 *(che viene di seguito riportata per facilitare il compito al lettore):*

$$(21.25) \quad \Gamma^\mu_{\rho\sigma} = \Lambda^\mu_{\rho\sigma} + \Omega^\mu_{\rho\sigma}$$

Per fare ciò si devono risolvere le equazioni di Poisson nel vuoto: $R_{\mu\nu} = 0$ nel caso particolare della simmetria sferica. Questo problema, pur essendo formalmente identico al corrispondente problema del caso eintseniano, non può essere risolto utilizzando la sua stessa procedura per la mancanza di una relazione di Christoffel nello spazio-tempo curvo di Newton $(S-T)_N$. Ad ogni modo, prendendo in considerazione il fatto che, nel limite per $c \to \infty$, la teoria della relatività generale degenera nella teoria newtoniana della gravitazione *(formulata nello spazio-tempo curvo di Newton)*, si può ottenere la soluzione delle equazioni di Poisson nel vuoto nel caso particolare della simmetria sferica. Allora le componenti della connessione affine $\left(\Gamma^{\rho}_{\mu\nu}\right)_N$ descrivente il campo gravitazionale all'esterno di un corpo a simmetria sferica, nel caso newtoniano, si ottengono facendo il limite per $c \to \infty$ delle componenti della connessione affine $\left(\Gamma^{\rho}_{\mu\nu}\right)_E$ descrivente il campo gravitazionale all'esterno di un corpo a simmetria sferica nel caso einsteniano:

$$(36.1) \quad \lim_{c\to\infty}\left(\Gamma^{\rho}_{\mu\nu}\right)_E = \left(\Gamma^{\rho}_{\mu\nu}\right)_N$$

Così facendo, si osservi prima che per l'equazione (34.26) si ha:

$$(36.2) \quad e^{\nu} = e^{-\mu} = 1 + \frac{k}{r}$$

in cui sostituendo k con $\dfrac{2mG}{c^2}$ si ottiene l'equazione seguente:

$$(36.3) \quad e^{\nu} = e^{-\mu} = 1 + \frac{2mG}{rc^2}$$

da cui segue l'equazione:

$$(36.4) \quad \nu = -\mu = \lg\left(1 + \frac{2mG}{rc^2}\right)$$

e derivando questa equazione rispetto ad r, si ottiene:

$$(36.5) \quad \nu' = -\mu' = \frac{2mG}{r^2c^2 - 2mrG}$$

Utilizzando le equazioni (36.5) e (36.3) nelle equazioni (34.14) , si ottengono le componenti della connessione affine $\left(\Gamma^{\rho}_{\mu\nu}\right)_E$ descrivente il campo gravitazionale all'esterno di un corpo a simmetria sferica nel caso einsteniano:

$$(36.6)\begin{cases} \Gamma^1_{11} = \dfrac{mG}{2mrG - r^2c^2} \; ; \Gamma^1_{22} = -r\left(1 - \dfrac{2mG}{rc^2}\right) ; \Gamma^1_{33} = -r\left(1 - \dfrac{2mG}{rc^2}\right)\sin^2\theta \\[3em] \Gamma^1_{00} = \dfrac{\dfrac{mG}{r^2}}{1 - \dfrac{2mG}{rc^2}} - \dfrac{4m^2G^2}{r^3c^2 - 2mr^3G} - \dfrac{4m^3G^3}{r^4c^4 - 2mr^3c^2G} \\[3em] \Gamma^2_{11} = \dfrac{1}{r} \qquad ; \qquad \Gamma^3_{13} = \dfrac{1}{r} \\[2em] \Gamma^2_{33} = -\sin\theta\cos\theta; \Gamma^3_{23} = \dfrac{\cos\theta}{\sin\theta}; \Gamma^0_{10} = \dfrac{mG}{r^2c^2 - 2mrG} \end{cases}$$

Facendo il limite delle equazioni (36.6) per $c \to \infty$ si ottengono le seguenti equazioni:

$$(36.7)\begin{cases} \Gamma^1_{11} = 0 \; ; \; \Gamma^1_{22} = -r \; ; \; \Gamma^1_{33} = -r\sin^2\theta \\[2em] \Gamma^1_{00} = \dfrac{mG}{r^2} \; ; \; \Gamma^1_{12} = \dfrac{1}{r} \; ; \; \Gamma^3_{13} = \dfrac{1}{r} \\[2em] \Gamma^2_{33} = -\sin\theta\cos\theta \; ; \; \Gamma^3_{33} = \dfrac{\cos\theta}{\sin\theta} \; ; \; \Gamma^0_{10} = 0 \end{cases}$$

che esprimono le componenti della connessione affine $\left(\Gamma^{\rho}_{\mu\nu} \right)_N$ descrivente il campo gravitazionale all'esterno di un corpo a simmetria sferica nel caso newtoniano.

37. CONFRONTO DELLO SPAZIO-TEMPO ESTERNO DI SCHWARZSCHILD NEL CASO EINSTENIANO E NEL CASO NEWTONIANO

Si intende per spazio-tempo di Schwarzschild lo spazio-tempo determinato da un corpo a simmetria sferica.

Segue che si può distinguere tra spazio-tempo di Schwarzschild interno ed esterno al corpo che lo determina.

Le componenti della connessione affine $\Gamma^{\rho}_{\mu\nu}$ determinate dalle equazioni (36.6) e (36.7) consentono di specificare completamente lo spazio-tempo esterno di Schwarzschild rispettivamente nel caso einsteniano e nel caso newtoniano. Quindi è possibile confrontare il loro campo gravitazionale e la loro curvatura calcolando il tensore di curvatura in entrambi i casi. Per fare ciò si osservi prima che per uno spazio-tempo, la cui connessione affine è simmetrica, il tensore di curvatura soddisfa le proprietà *(7f),(8f)* e *(9f) (vedi appendice f),* allora le sue componenti algebricamente indipendenti possono essere calcolate nel modo seguente: sia $T_{\alpha\lambda}$ un tensore covariante antisimmetrico di ordine 2 in uno spazio-tempo dotato di connessione affine simmetrica. Un tale tensore è anche detto un bivettore nello spazio-tempo e le sue componenti algebricamente indipendenti sono:

$$\frac{n(n-1)}{2} = \frac{4(4-1)}{2} = 6$$

corrispondente ai valori degli indici:

$$\alpha\lambda = 10 \quad ; \quad 20 \quad ; \quad 30 \quad ; \quad 23 \quad ; \quad 31 \quad ; \quad 12$$

Si consideri lo spazio dei bivettori e si associ al bivettore $T_{\alpha\lambda}$ un vettore formale covariante v_a. Questo vettore ha nello spazio dei bivettori, sei componenti algebricamente indipendenti corrispondenti ai valori degli indici :

$$a = 1, \quad 2, \quad 3, \quad 4, \quad 5, \quad 6$$

che si suppone corrispondere agli indici $\alpha\lambda$ nel modo sguente:

$$(37.1)\begin{cases} \alpha\lambda = 10 & ; \quad 20 \quad ; \quad 30 \quad ; \quad 23 \quad ; \quad 31 \quad ; \quad 12 \\ a = 1, & \quad 2, \quad\quad 3, \quad\quad 4, \quad\quad 5, \quad\quad 6 \end{cases}$$

Segue che un tensore covariante simmetrico di ordine 2 T_{ab} nello spazio dei bivettori corrisponde ad un tensore covariante di ordine 4 $T_{\alpha\lambda\mu\nu}$ nello spazio-tempo che soddisfa le proprietà *(7f) e (8f) (vedi appendice f)*. Poichè il tensore T_{ab} ha, nello spazio dei bivettori:

$$\frac{n(n+1)}{2} = \frac{6(6+1)}{2} = 21$$

componenti algebricamente indipendenti, segue che il tensore $T_{\alpha\lambda\mu\nu}$ ha, nello spazio-tempo, 21 componenti algebricamente indipendenti. Quindi il tensore di curvature $R_{\alpha\lambda\mu\nu}$, poichè soddisfa le proprietà *(7f),(8f) e (9f) (vedi appendice f)*, deve avere, nello spazio-tempo, un numero di componenti algebricamente indipendenti inferiore al tensore $T_{\alpha\lambda\mu\nu}$. Infatti, dalla proprietà *(9f)* segue che $\alpha, \lambda, \mu, \nu$ devono avere valori differenti, allora se $\alpha \neq \lambda \neq \mu \neq \nu$ si ottiene la seguente relazione:

$$(37.2) \quad R_{1023} + R_{1302} + R_{1330} \Leftrightarrow R_{1023} + R_{3120} + R_{1230} = 0$$

che corrisponde nello spazio dei bivettori alla seguente relazione:

$$(37.3) \quad R_{14} + R_{52} + R_{63} = 0$$

mentre se α assume valori uguale a uno per qualunque degli indici λ, μ, ν, la proprietà *(9f)* ripete semplicemente qualcuna delle proprietà *(7f)* e *(8f)*. Quindi la proprietà *(9f)* dà una sola condizione espresso dalla relazione (37.2) o equivalentemente dalla relazione

(37.3). Pertanto il numero di componenti algebricamente indipendenti per il tensore di curvatura di uno spazio-tempo dotato di connessione affine simmetrica è $21-1=20$. Quindi, utilizzando la corrispondenza (37.1), l'equazione *(5f)(vedi appendice f)* e le equazioni (36.6), si ottiene che le sole componenti non nulle del tensore di curvatura per lo spazio-tempo esterno di Schwarzschild nel caso einsteniano sono:

$$R^1_{010} = \frac{-\dfrac{2mG}{r^3}}{\left(1-\dfrac{2mG}{rc^2}\right)^2} - \frac{12m^2G^2}{r^4\left(c^2-2mG\right)} - \frac{16m^3G^3r^3}{\left(r^4c^2-2m^3G\right)^2} + \frac{2mG}{2mrG-r^2c^2} \bullet$$

$$\bullet \frac{\dfrac{mG}{r^2}}{1-\dfrac{2mG}{rc^2}} - \frac{8m^3G^3}{\left(2mrG-r^2c^2\right)\left(r^3c^2-2mr^3G\right)} + \frac{8m^4G^4}{\left(2mrG-r^2c^2\right)\left(r^4c^4-2m^3c^2G\right)}$$

$$R^2_{020} = R^3_{020} = \frac{1}{r}\left(\frac{\dfrac{mG}{r^2}}{1-\dfrac{2mG}{rc^2}} - \frac{4m^2G^2}{r^3c^2-2mr^3G} + \frac{4m^3G^3}{r^4c^4-2m^3c^2G}\right)$$

$$R^1_{212} = -\left(r-\frac{2mG}{c^2}\right)\frac{mG}{2mrG-r^2c^2} - \frac{2mG}{rc^2}$$

$$R^3_{131} = \frac{mG}{2mr^2G-r^3c^2}$$

$$R^2_{323} = \frac{2mG}{rc^2} \sin^2 \theta$$

---

mentre utilizzando la corrispondenza (37.1), l'equazione *(5l)* e le equazioni (36.7), si ottiene che le solo componenti non nulle del tensore di curvatura, per lo spazio-tempo esterno di Schwarzschild nel caso newtoniano, sono:

$$R^1_{010} = -\frac{2mG}{r^3} \qquad ; \qquad R^2_{020} = R^3_{030} = \frac{mG}{r^3}$$

come si può anche facilmente verificare facendo il limite per $c \to \infty$ delle corrispondenti componeti del caso einsteniano. Infine, specificando le equazioni del moto nello spazio-tempo esterno di Schwarzschild nel caso einsteniano e nel caso newtoniano, si può analizzare il moto dei corpi in caduta libera e fare un confronto, per esempio: trattando lo spazio del sistema solare come uno spazio-tempo esterno di Schwarzschild, si possono determinare, in entrambi i casi, le orbite dei pianeti intorno al Sole, le traiettorie dei raggi di luce e fare un confronto. Ma, di quanto appena detto saranno esplicitate solo le equazioni del moto.

Dalle equazioni (17.3) del paragrafo 17 e dalle equazioni (36.6) del paragrafo 36 si ottiene che le equazioni del moto, nello spazio-tempo esterno di Schwarzschild, nel caso einsteniano sono espresso dale seguenti equazioni:

$$(37.4)$$

$$\ddot{t} + \frac{mG}{r^2c^2 - 2mrG} \dot{r}\dot{t} = 0 \qquad (\bullet \ denota \ d/d\tau)$$

continuano nella pagina seguente le equazioni (37.4)

$$(37.4)$$

$$\ddot{r}+\left[\frac{\dfrac{mG}{r^2}}{1-\dfrac{2mG}{rc^2}}-\frac{4m^2G^2}{r^3c^2-2mr^3G}+\frac{4m^3G^3}{r^4c^4-2m^3c^2G}\right]\dot{t}^2+$$

$$+\frac{mG}{2mrG-r^2c^2}\dot{r}^2-r\left(1-\frac{2mG}{rc^2}\right)\dot{\theta}^2-r\left(1-\frac{2mG}{rc^2}\right)\sin^2\theta\,\dot{\varphi}^2=0$$

$$\ddot{\theta}+\frac{1}{r}\dot{r}\,\dot{\theta}-\sin\theta\cos\theta\,\dot{\varphi}^2=0$$

$$\ddot{\varphi}+\frac{1}{r}\dot{r}\,\dot{\varphi}+\frac{\cos\theta}{\sin\theta}\dot{\theta}\,\dot{\varphi}=0$$

Dalle equazioni (21.27) del paragrafo 27 e (36.7) del paragrafo precedente si ottiene che, le equazioni del moto nello spazio-tempo esterno di Schwarzschild nel caso newtoniano, sono espresse dalle seguenti equazioni:

$$(37.5)$$

$$\ddot{t}=0\quad(\bullet\ denota\ d\,/\,d\tau)\qquad;\quad \ddot{r}+\frac{mG}{r^2}\dot{t}^2-r\,\dot{\theta}^2-r\sin^2\theta\,\dot{\varphi}^2=0$$

$$\ddot{\theta}+\frac{1}{r}\dot{r}\,\dot{\theta}-\sin\theta\cos\theta\,\dot{\varphi}^2=0\qquad;\qquad \ddot{\varphi}+\frac{1}{r}\dot{r}\,\dot{\varphi}+\frac{\cos\theta}{\sin\theta}\dot{\theta}\,\dot{\varphi}=0$$

come si può anche verificare facendo il limite per $c\to\infty$ delle equazioni (37.4)

APPENDICE a

Dimostrazione della proposizione (30.a)

Si consideri uno spazio metrico n-dimensionale S_n di curvatura k e caratterizzato dalle equazioni (30.17) e (30.18) *(che per facilitare il compito al lettore vengono di seguito riportate):*

$$(30.17) \quad R_{jl} = -k(n-1)g_{jl} \quad ; \quad (30.18) \quad R_{tljr} = k\left(g_{il}g_{rt} - g_{rl}g_{jt}\right)$$

siano: g_{ij} e $\tilde{g}_{ij}$ due metriche che hanno, per ipotesi, lo stesso numero di autovalori positivi e negativi, in tale ipotesi le metriche g_{ij} e $\tilde{g}_{ij}$ sono equivalenti nel senso che esiste una trasformazione di coordinate $x \rightarrow \tilde{x}$ per la quale si ha:

$$(1.a) \quad g_{mr}(x) = \frac{\partial \tilde{x}^i}{\partial x^m} \frac{\partial \tilde{x}^j}{\partial x^r} \tilde{g}_{ij}$$

È possibile dimostrare l'equazione(1.a) costruendo la trasformazione di coordinate $\tilde{x}^i(x)$ come una serie di potenze di x^i. Così facendo si osservi che poichè le metriche g_{ij} e $\tilde{g}_{ij}$ hanno, per ipotesi, lo stesso numero di autovalori positivi e negative esiste una matrice non singolare d_m^i per modo che risulti soddisfatta la seguente equazione:

$$(2.a) \quad \tilde{g}_{ij}(0)d_m^i d_r^j = g_{mr}(0)$$

quindi, l'equazione (1.a) è soddisfatta all'ordine zero in x con

$$\tilde{x}^i = d_m^i x^m$$

Per completare la dimostrazione si proceda per induzione matematica

Si supponga che l'equazione (1.a) sia soddisfatta all'ordine $(n-1)$ in x da un polinomio del tipo seguente:

$$(3.a) \quad \tilde{x}^i(x) = d^i_m x^m + \sum_{k=2}^{n} \frac{1}{k!} d^i_{m_1 \ldots \ldots m_k} x^{m_1} \ldots \ldots \ldots x^{m_k}$$

Aggiungendo all'equazione (3.a) un termine dell'ordine $(n+1)$ in x l'equazione (1.a) è soddisfatta all'ordine n in x, ma questa condizione sarà soddisfatta se la derivata dell'equazione (1.a) è soddisfatta all'ordine $(n-1)$ in x, ovvero se è soddisfatta la seguente equazione:

$$(4.a)$$

$$\frac{\partial g_{mr}(x)}{\partial x^l} = \frac{\partial^2 \tilde{x}^i}{\partial x^l \partial x^m} \frac{\partial \tilde{x}^i}{\partial x^r} \tilde{g}_{ij}(\tilde{x}) + \frac{\partial^2 \tilde{x}^j}{\partial x^l \partial x^r} \frac{\partial \tilde{x}^i}{\partial x^m} \tilde{g}_{ij}(\tilde{x}) + \frac{\partial \tilde{x}^i}{\partial x^m} \frac{\partial \tilde{x}^j}{\partial x^r} \frac{\partial \tilde{x}^s}{\partial x^l} \frac{\partial \tilde{g}_{ij}(\tilde{x})}{\partial \tilde{x}^s}$$

all'ordine $(n-1)$ in x.

L'equazione (4.a) è soddisfatta se e solo se è soddisfatta la seguente equazione:

$$(5.a)$$

$$\frac{\partial^2 \tilde{x}^i}{\partial x^l \partial x^m} \frac{\partial \tilde{x}^i}{\partial x^r} \tilde{g}_{ij}(\tilde{x}) = g_{rt}(x)\Gamma^t_{lm}(x) - \frac{\partial \tilde{x}^i}{\partial x^m} \frac{\partial \tilde{x}^j}{\partial x^r} \frac{\partial \tilde{x}^s}{\partial x^l} \tilde{g}_{jp}(\tilde{x}) \tilde{\Gamma}^p_{is}(\tilde{x})$$

all'ordine $(n-1)$ in x.

Ora è possibile utilizzare l'equazione (1.a), assunta valida all'ordine $(n-1)$ in x, per convertire l'equazione (5.a) nella seguente richiesta equivalente:

$$(6.a)$$

$$\frac{\partial^2 \tilde{x}^i}{\partial x^l \partial x^m} = \frac{\partial \tilde{x}^i}{\partial x^s} \Gamma^s_{lm}(x) - \frac{\partial \tilde{x}^j}{\partial x^m} \frac{\partial \tilde{x}^s}{\partial x^l} \tilde{\Gamma}^i_{js}(\tilde{x})$$

ed utilizzando l'equazione (3.a), corretta all'ordine n in x, è possibile calcolare il membro di destra nell'equazione (6.a) all'ordine $(n-1)$ in x. Così facendo si ottiene la seguente equazione:

$$(7.a)$$

$$\frac{\partial \tilde{x}^i}{\partial x^s}\Gamma^s_{lm}(x) - \frac{\partial \tilde{x}^j}{\partial x^m}\frac{\partial \tilde{x}^s}{\partial x^l}\tilde{\Gamma}^i_{js}(\tilde{x}) = \frac{1}{(n-1)!}C^i_{lmr_1\ldots\ldots\ldots r_{(n-1)}}x^{r_1}\ldots\ldots\ldots x^{r_{(n-1)}}$$

in cui i coefficienti C^i_{lm} dipendono in modo complicato dalle funzioni $g_{ij}(x)$ e $\tilde{g}_{ij}(\tilde{x})$ e dai coefficienti $d^i_{m_1\ldots\ldots\ldots m_k}$. Segue che l'equazione (6.a) sarà soddisfatta all'ordine $(n-1)$ in x se si aggiunge all'equazione (3.a) un termine del tipo seguente:

$$(8.a)$$

$$\left(\tilde{x}^i(x)\right)_{ord.(n+1)} = \frac{1}{(n+1)!}C^i_{lmr_1\ldots\ldots\ldots r_{(n-1)}}x^l x^m x^{r_1}\ldots\ldots\ldots x^{r_{(n-1)}}$$

in cui si richiede che i coefficienti $C^i_{lmr_1\ldots\ldots\ldots r_{(n-1)}}$ siano totalmente simmetrici rispetto agli indici inferiori. Ma questi coefficienti sono simmetrici nello scambio degli indici l ed m e fra gli indici r_k, quindi la sola condizione da soddisfare è che essi siano simmetrici rispetto agli indici l ed r_k o anche, equivalentemente, che la derivata rispetto a x^r dell'equazione (7.a) sia simmetrica rispetto a l ed r, ovvero che sia:

$$(9.a)$$

$$\frac{\partial}{\partial x^r}\left(\frac{\partial \tilde{x}^i}{\partial x^s}\Gamma^s_{lm}(x) - \frac{\partial \tilde{x}^j}{\partial x^m}\frac{\partial \tilde{x}^s}{\partial x^l}\tilde{\Gamma}^i_{js}(\tilde{x})\right) = \frac{\partial}{\partial x^l}\left(\frac{\partial \tilde{x}^i}{\partial x^s}\Gamma^s_{rm}(x) - \frac{\partial \tilde{x}^j}{\partial x^m}\frac{\partial \tilde{x}^s}{\partial x^r}\tilde{\Gamma}^i_{js}(\tilde{x})\right)$$

all'ordine $(n-2)$ in x.

Si osservi che, avendo assunto valida all'ordine $(n-1)$ in x l'equazione (1.a), la sua derivata e l'equazione (6.a) sono soddisfatte all'ordine $(n-2)$ in x, quindi utilizzando l'equazione (1.a) e l'equazione (6.a) è possibile riscrivere la richiesta (9.a) nella seguente forma equivalente:

$$(10.a)$$

$$\frac{\partial \tilde{x}^i}{\partial x^s} R^s_{mlp}(x) = \frac{\partial \tilde{x}^i}{\partial x^m} \frac{\partial \tilde{x}^s}{\partial x^l} \frac{\partial \tilde{x}^r}{\partial x^p} \tilde{R}^i_{jsr}(\tilde{x})$$

all'ordine $(n-2)$ in x.

Ora, tenendo conto dell'equazione (30.18) del paragrafo 18, è possibile scrivere l'equazione (10.a) come:

$$(11.a)$$

$$\frac{\partial \tilde{x}^i}{\partial x^p} g_{lm}(x) - \frac{\partial \tilde{x}^i}{\partial x^l} g_{mp}(x) = \frac{\partial \tilde{x}^j}{\partial x^m} \left(\frac{\partial \tilde{x}^s}{\partial x^l} \frac{\partial \tilde{x}^i}{\partial x^p} \tilde{g}_{js}(\tilde{x}) \frac{\partial \tilde{x}^i}{\partial x^l} \frac{\partial \tilde{x}^r}{\partial x^p} \tilde{g}_{jr}(\tilde{x}) \right)$$

all'ordine $(n-2)$ in x.

Quindi si conclude che una funzione $\tilde{x}(x)$ che soddisfa esattamente l'equazione (1.a) può essere costruita come una serie di potenze in x^i, il che dimostra la proposizione (30.a).

APPENDICE b
Dimostrazione della proposizione (32.a)

Per la dimostrazione della proposizione (32.a) si osservi che nel paragrafo 29 è stata data la definizione di spazio a simmetria massima rispetto al gruppo di trasformazioni dello spazio che conservano la metrica. Parimenti è possibile dare la definizione di spazio a simmetria massima rispetto al gruppo di trasformazioni che conservano un qualunque tensore.

Si supponga che sia dato uno spazio metrico n-dimensionale S_n per il quale esiste un gruppo G_A ad un parametro di automorfisimi che conservano un qualunque tensore T. In questa ipotesi è possibile dare la definizione di spazio a simmetria massima rispetto a questo gruppo di trasformazioni e scrivere per un qualunque tensore T, ad esempio $T_{rk....j}$, la seguente equazione:

$$(1.b) \qquad \frac{\partial \xi^l}{\partial x^r} T_{lk...j} + \frac{\partial \xi^l}{\partial x^k} T_{rl...j} + ... + \xi^l \frac{\partial}{\partial x^l} T_{rk...j} = 0$$

Se ora si scelgono i vettori di Killing in un assegnato punto P in modo tale che soddisfano la seguente equazione:

$$(2.b) \qquad \xi^l (P) = 0$$

e tale che le seguenti quantità:

$$(3.b) \qquad \xi_{t;r}(P) = g_{tl}(P) \left(\frac{\partial \xi^l(x)}{\partial x^r} \right)_{x=P}$$

formano un'arbitraria matrice antisimmetrica, allora l'equazione (1.b) diventa:

$$(4.b) \qquad \xi_{t;s} \left(\delta_r^s T^t_{k.....j} + \delta_k^s T^t_{r.....j} + ... \right) = 0$$

in cui è stato tenuto conto delle seguenti relazioni:

$$\begin{cases} \xi_{t;r} = -\xi_{r;t} = -g_{rp}\xi^p_{;t} = -g_{rp}g^{ps}\xi_{s;t} = \delta^s_r\xi_{t;s} \\\\ \xi_{t;k} = -\xi_{k;t} = -g_{kp}\xi^p_{;t} = -g_{kp}g^{ps}\xi_{s;t} = \delta^s_k\xi_{t;s} \end{cases}$$

$$\begin{cases} T_{lk\ldots\ldots j} = g_{tl}T^t_{k\ldots\ldots j} \\\\ T_{rl\ldots\ldots j} = g_{tl}T^t_{r\ldots\ldots j} \end{cases}$$

Ma dall'antisimmetria di $\xi_{t;s}$ segue che il coefficiente dell'equazione (4.b) deve essere simmetrico, quindi si ottiene la seguente equazione:

$$(5.b) \quad \delta^s_r T^t_{k\ldots\ldots j} + \delta^s_k T^t_{r\ldots\ldots j} + \ldots\ldots = \delta^t_r T^s_{k\ldots\ldots j} + \delta^t_k T^s_{r\ldots\ldots j} + \ldots\ldots\ldots$$

valida su tutto lo spazio in quanto il punto P è arbitrario.

Ora si consideri un vettore covariante v^r, per questo vettore l'equazione (5.b) diventa:

$$(6.b) \quad \delta^s_r v^t = \delta^t_r v^s$$

in cui eseguendo la contrazione degli indici s con r si ottiene la sguente equazione:

$$(7.b) \quad nv^t = v^t$$

Quest'ultima equazione è banalmente soddisfatta nel caso che sia $n = 1$, ma per $n > 1$ si ha $v^t = 0$ il che significa che se esiste un gruppo di trasformazioni dello spazio che conserva i vettori, l'unico vettore che può conservarsi *(eccetto il caso $n = 1$)* è il vettore nullo.

Per un tensore di tipo $(0,2)$ T_{rk} l'equazione (5.b) diventa:

$$(8.b) \quad \delta^s_r T^t_k + \delta^s_k T^t_r = \delta^t_r T^s_k + \delta^t_k T^s_r$$

in cui eseguendo la contrazione degli indici s con r si ottiene la sguente equazione:

$$(9.b) \quad nT_k^t + T_k^t = T_k^t + \delta_k^t T_r^r$$

in cui abbassando l'indice t si ottiene la seguente equazione:

$$(10.b) \quad (n-1)T_{tk} + T_{kt} = g_{tk}T_r^r$$

e sottraendo da quest'ultima equazione se stessa con gli indici t e k scambiati, si ottiene la seguente equazione:

$$(11.b) \quad (n-2)(T_{tk} - T_{kt}) = 0$$

da cui segue per $n \neq 2$

$$(12.b) \quad T_{tk} = T_{kt}$$

Tenedo conto di questa equazione , l'equazione (10.b) diventa:

$$(13.b) \quad T_{tk} = fg_{tk}$$

in cui è stato posto: $f = \dfrac{1}{r}T_r^r$.

Ora si vuole determinare la dipendenza dalle coordinate della funzione f . Per faciò si scriva l'equazione (1.b) per il tensore dell'equazione (13.b), così facendo si ottiene la seguente equazione:

$$(14.b) \quad \frac{\partial \xi^l}{\partial x^r} fg_{lk} + \frac{\partial \xi^l}{\partial x^k} fg_{rl} + \xi^l \frac{\partial}{\partial x^l}(fg_{rk}) = 0$$

e poichè il tensore metrico soddisfa l'equazione di Killing, segue:

$$(15.b) \quad g_{rk}\xi^l \frac{\partial}{\partial x^l} f = 0$$

ma in uno spazio a simmetria massima i vettori di Killing possono essere scelti in modo arbitrario in un punto qualunque, quindi l'equazione (15.b) diventa:

$$(16.b) \quad \frac{\partial f}{\partial x^l} = 0 \Rightarrow f = \text{cost}$$

Pertanto si può concludere che l'unico tensore di tipo $(0,2)$ che si può conservare per un gruppo di trasformazioni dello spazio è il tensore metrico moltiplicato per una possibile costante.

Ora, ritornando alla dimostrazione della proposizione (32.a) si osservi che vale l'equazione di Killing: $\xi_{r;k} + \xi_{k;r} = 0$ che può essere scritta nella seguente forma equivalente:

$$(17.b) \quad \frac{\partial \xi^l(x)}{\partial x^r} g_{lk}(x) + \frac{\partial \xi^l(x)}{\partial x^k} g_{rl}(x) + \xi^l(x) \frac{\partial}{\partial x^l} g_{rk}(x) = 0$$

o anche:

$$(18.b)$$

$$\frac{\partial \xi^l(u,v)}{\partial u^i} g_{lj}(u,v) + \frac{\partial \xi^l(u,v)}{\partial u^j} g_{li}(u,v) + \xi^l(u,v) \frac{\partial}{\partial u^l} g_{ij}(u,v) = 0$$

in cui è $r = i$ e $k = j$

$$(19.b)$$

$$\frac{\partial \xi^l(u,v)}{\partial u^i} g_{la}(u,v) + \frac{\partial \xi^l(u,v)}{\partial v^a} g_{il}(u,v) + \xi^l(u,v) \frac{\partial}{\partial u^l} g_{ia}(u,v) = 0$$

in cui è $r = i$ e $k = a$

$$(20.b)$$

$$\frac{\partial \xi^l(u,v)}{\partial v^a} g_{lb}(u,v) + \frac{\partial \xi^l(u,v)}{\partial v^b} g_{la}(u,v) + \xi^l(u,v) \frac{\partial}{\partial u^l} g_{ab}(u,v) = 0$$

in cui è $r = a$ e $k = b$

il significato dell'equazione (18.b) è di per sè evidente in quanto, essendo per ipotesi i sottospazi m-dimensionali di S_n a simmetria massima, la sottomatrice $g_{ij}(u,v)$ è proprio la loro metrica. Invece le equazioni (19.b) e (20.b) contengono rispettivamente le informazioni relative alle sottomatrici $g_{ia}(u,v)$ e $g_{ab}(u,v)$, nonchè informazioni relative alla dipendenza dei vettori di Killing dalle coordinate v.

Con l'intento di estrinsecare le suddette informazioni dalle equazioni (19.b) e (20.b), conviene definire un sistema di coordinate $\tilde{u}^i$ in cui le componenti della sottomatrice $\tilde{g}_{ia}$ sono tutte nulle.

Per definire un siffatto sistema di coordinate si supponga di conoscere una funzione $W^l(v,u)$ che soddisfa la seguente equazione differenziale:

$$(21.b) \qquad g_{il}(w,v)\frac{\partial W^l}{\partial v^a} = -g_{ia}(w,v)$$

con la condizione iniziale:

$$(22.b) \qquad W^l(v_0,u_0) \equiv u_0^l$$

in questo modo risultano definite le coordinate $\tilde{u}^i$ e $\tilde{v}^a$ dalle seguenti equazioni:

$$(23.b) \qquad \begin{cases} u^i = W^i(\tilde{u},\tilde{v}) \\ v^a = \tilde{v}^a \end{cases}$$

Nel sistema di coordinate $\tilde{u}^i$ e $\tilde{v}^a$ la metrica $\tilde{g}_{ia}$ si scrive come:

$$(24.b) \qquad \tilde{g}_{ia}(\tilde{u},\tilde{v}) = \frac{\partial u^t}{\partial \tilde{u}^i}\frac{\partial u^l}{\partial \tilde{v}^a}g_{tl}(u,v) + \frac{\partial u^t}{\partial \tilde{u}^i}g_{ta}(u,v)$$

da cui segue:

$$\tilde{g}_{ia}(\tilde{u},\tilde{v}) = \frac{\partial u^t}{\partial \tilde{u}^i}\left(\frac{\partial u^l}{\partial \tilde{v}^a}g_{tl}(u,v) + g_{ta}(u,v)\right)$$

in cui utilizzando l'equazione (23.b) si ottiene la segunte equazione:

$$(25.b) \qquad \tilde{g}_{ia}\left(\tilde{u},\tilde{v}\right) = \frac{\partial W^{l}\left(\tilde{v},\tilde{u}\right)}{\partial \tilde{u}^{i}}\left(\frac{\partial W^{l}\left(\tilde{v},\tilde{u}\right)}{\partial \tilde{v}^{a}} g_{tl}\left(W,\tilde{v}\right) - g_{ta}\left(W,\tilde{v}\right)\right)$$

L'equazione (25.b) dimostra che si è in grado di costruire i sistemi di coordinate $\tilde{u}^{i}$, in cui le componenti della sottomatrice $\tilde{g}_{ia}$ sono tutte nulle, se si è in grado di integrare l'equazione differenziale (21.b) soddisfacente la condizione iniziale (22.b). Volendo integrare l'equazione differenziale (22.b) si osservi che se essa viene moltiplicata per $g^{il}\left(W,v\right)$ si ottiene:

$$g^{il}\left(W,v\right)g_{il}\left(W,v\right)\frac{\partial W^{l}}{\partial v^{a}} = -g^{il}\left(W,v\right)g_{ia}\left(W,v\right)$$

da cui segue:

$$(26.b) \qquad \frac{\partial W^{l}}{\partial v^{a}} = -F_{a}^{l}\left(W,v\right)$$

in cui si è posto:

$$(27.b) \qquad F_{a}^{l}\left(W,v\right) = g^{il}\left(W,v\right)g_{ia}\left(W,v\right)$$

ora si supponga di di poter sviluppare la funzione $W^{l}\left(v,u_{0}\right)$ nell'intorno del punto v_{0} in serie di potenze di $\left(v-v_{0}\right)$:

$$(28.b) \quad W^{l}\left(v,u_{0}\right) = \sum_{k=0}^{\infty} C_{a_{1}\ldots\ldots a_{k}}^{l}\left(v-v_{0}\right)^{a_{1}}\ldots\ldots\ldots\ldots\left(v-v_{0}\right)^{a_{k}}$$

scegliendo per $k=0$ gli n coefficienti come:

$$(29.b) \qquad C^{l} = u_{0}^{l}$$

restano soddisfatte le condizioni iniziali (22.b) e l'equazione differenziale (26.b) risulterà soddisfatta all'ordine zero in $\left(v-v_{0}\right)$ se si sceglie:

$$(30.b) \qquad C_{a}^{l} = -F_{a}^{l}\left(u_{0},v_{0}\right)$$

Si può completare il ragionamento procedendo per induzione matematica, allora si supponga di poter scegliere i termini all'ordine k in $(v-v_0)$ nell'equazione (28.b) in modo tale che l'equazione (26.b) risulta soddisfatta all'ordine $(k-1)$ in $(v-v_0)$. Ciò fatto si possono utilizzare questi termini per calcolare il termine $F_a^l(W,v)$ all'ordine k in $(v-v_0)$ che si può scrivere come:

$$(31.b)\left\{F_a^i\left[W(v,u_0),v\right]\right\}_{ord.k} = \frac{1}{k!}f_{ab_1........ab_k}^l (v-v_0)^{b_1}.........(v-v_0)^{b_k}$$

quindi l'equazione (28.b) potrà soddisfare l'equazione (26.b) all'ordine k in $(v-v_0)$ se si scelgono i termini di W all'ordine $(k+1)$ come:

$$(32.b)\ \left[W^l(v,u_0)\right]_{ord.(k+1)} = \frac{1}{(k+1)!}f_{ab_1......b_k}^l (v-v_0)^{b_1}.........(v-v_0)^{b_k}$$

in cui si richiede che $f_{ab_1......b_k}^l$ sia simmetrica rispetto a tutti gli indici inferiori. Poichè è possibile scegliere $f_{ab_1......b_k}^l$ simmetrica rispetto a tutti gli indici b è sufficiente richiedere che sia simmetrica rispetto ad a e b o anche, in modo equivalente, che sia:

$$(33.b)\qquad \left\{\frac{\partial}{\partial v^b}F_a^l\left[W(v,u_0),v\right]\right\}_{ord.(k-1)}$$

simmetrica rispetto ad a e b, ma avenso assunto per ipotesi che l'equazione (28.b) soddisfi l'equazione (26.b) all'ordine $(k-1)$ in $(v-v_0)$, risulta che l'equazione (33.b) è simmetrica rispetto ad a e b se è simmetrica rispetto ad a e b la seguente equazione:

$$(34.b)\qquad \left[-\frac{\partial F_a^l(u,v)}{\partial u^k}F_b^k(u,v) + \frac{\partial F_a^l(u,v)}{\partial v^b}\right]_{u=W(v,u_0)}$$

da cui segue che l'equazione (26.b) è integrabile se è soddisfatta la seguente equazione:

$$(35.b)\, \frac{\partial F_a^l\left(u,v\right)}{\partial u^k}\, F_b^k\left(u,v\right) - \frac{\partial F_a^l\left(u,v\right)}{\partial v^b} = \frac{\partial F_b^l\left(u,v\right)}{\partial u^k}\, F_a^k\left(u,v\right) - \frac{\partial F_b^l\left(u,v\right)}{\partial v^a}$$

per tutte le u e v.

Questa equazione, nell'ipotesi della proposizione (32.a) è soddisfatta, infatti si consideri l'equazione (19.b) e la si moltiplichi per $g^{il}\left(W,v\right)$. Così facendo si ottiene la seguente equazione:

$$(36.b)\quad \frac{\partial \xi^l\left(u,v\right)}{\partial v^a} = -g^{il}\frac{\partial \xi^m\left(u,v\right)}{\partial u^i}g_{ma} - g^{il}\xi^k\left(u,v\right)\frac{\partial g_{ia}\left(u,v\right)}{\partial u^k}$$

Ora moltiplicando l'equazione (18.b) per $g^{il}\left(W,v\right)g^{jm}\left(W,v\right)$ si ottiene la seguente equazione:

$$g^{il}\frac{\partial \xi^m\left(u,v\right)}{\partial u^i} + g^{jm}\frac{\partial \xi^l\left(u,v\right)}{\partial u^j} = -\xi^k\left(u,v\right)g^{il}g^{jm}\frac{\partial g_{ij}\left(u,v\right)}{\partial u^k}$$

da cui segue l'equazione:

$$(37.b)\quad g^{il}\frac{\partial \xi^m\left(u,v\right)}{\partial u^i} + g^{jm}\frac{\partial \xi^l\left(u,v\right)}{\partial u^j} = \xi^k\left(u,v\right)\frac{\partial g^{lm}\left(u,v\right)}{\partial u^k}$$

che confrontata con l'equazione (36.b) dà la seguente equazione:

$$(38.b)$$

$$\frac{\partial \xi^l\left(u,v\right)}{\partial v^a} = g^{jm}\frac{\partial \xi^l\left(u,v\right)}{\partial u^j}g_{ma} - \xi^k\left(u,v\right)\frac{\partial g^{lm}\left(u,v\right)}{\partial u^k}g_{ma} - \xi^k\left(u,v\right)g^{jm}\frac{\partial g_{ma}\left(u,v\right)}{\partial u^k}$$

in cui tenendo conto dell'equazione (27.b) si ottiene la seguente equazione:

$$(39.b)\quad \frac{\partial \xi^l\left(u,v\right)}{\partial v^a} = F_a^j\frac{\partial \xi^l\left(u,v\right)}{\partial u^j} - \xi^k\left(u,v\right)\frac{\partial F_a^l}{\partial u^k}$$

Differenziando questa equazione rispetto a v^b si ottiene la seguente equazione:

$$(40.b)$$

$$\frac{\partial^2 \xi^l(u,v)}{\partial v^b \partial v^a} = F_a^j \frac{\partial}{\partial u^j}\left(\frac{\partial \xi^l(u,v)}{\partial v^b}\right) + \frac{\partial F_b^j}{\partial v^b}\frac{\partial \xi^l(u,v)}{\partial u^j} - \frac{\partial \xi^k(u,v)}{\partial v^b}\frac{\partial F_a^l}{\partial u^k} - \xi^k(u,v)\frac{\partial^2 F_a^l}{\partial v^b \partial u^k}$$

in cui utilizzando il membro di destra dell'equazione (39.b) si ottiene l'equazione seguente:

$$(41.b)$$

$$\frac{\partial^2 \xi^l(u,v)}{\partial v^b \partial v^a} = F_a^j F_b^i \frac{\partial^2 \xi^l(u,v)}{\partial u^j \partial u^i} + F_a^j \frac{\partial F_b^j}{\partial u^j}\frac{\partial \xi^l(u,v)}{\partial u^i} - F_a^j \frac{\partial F_b^l}{\partial u^k}\frac{\partial \xi^k(u,v)}{\partial u^j} +$$

$$-F_a^j \frac{\partial^2 F_b^l}{\partial u^k \partial u^j}\xi^k(u,v) + \frac{\partial F_a^j}{\partial v^b}\frac{\partial \xi^k(u,v)}{\partial u^j} - F_b^i \frac{\partial F_a^l}{\partial u^k}\frac{\partial \xi^k(u,v)}{\partial u^i} +$$

$$+\frac{\partial F_b^k}{\partial u^i}\frac{\partial F_a^l}{\partial u^k}\xi^i(u,v) - \frac{\partial^2 F_a^l}{\partial v^b \partial u^k}\xi^k(u,v)$$

Questa equazione deve essere simmetrica rispetto ad a e b, quindi si ottiene l'equazione seguente:

$$(42.b)$$

$$\left\{F_a^j \frac{\partial F_b^i}{\partial u^j} - F_b^j \frac{\partial F_a^i}{\partial u^j} + \frac{\partial F_a^i}{\partial v^b} - \frac{\partial F_b^i}{\partial v^a}\right\}\frac{\partial \xi^l(u,v)}{\partial u^i} +$$

$$+\left\{-F_a^j \frac{\partial^2 F_b^l}{\partial u^k \partial u^j} + F_b^j \frac{\partial^2 F_a^l}{\partial u^k \partial u^j} + \frac{\partial F_b^i}{\partial u^k}\frac{\partial F_a^l}{\partial u^i} - \frac{\partial F_a^i}{\partial u^k}\frac{\partial F_b^l}{\partial u^i} - \frac{\partial^2 F_a^l}{\partial v^b \partial u^k} + \frac{\partial^2 F_b^l}{\partial v^a \partial u^k}\right\}\xi^k = 0$$

Segue, dall'ipotesi della proposizione (32.a), che sullo spazio S_n ci sono $m(m+1)/2$ vettori di Killing linearmente indipendenti. In particolare si possono considerare, in un qualunque punto, ξ^i vettori per modo che sia:

$$(43.b) \quad \begin{cases} \xi^i = 0 \\ \xi_{k;i} = g_{kl}\dfrac{\partial \xi^l}{\partial u^i} = \delta_{kp}\delta_{is} - \delta_{ks}\delta_{ip} \end{cases}$$

Quindi, moltiplicando l'equazione (42.b) per g_{kl} e ponendo $k = s \neq p$ si ottiene l'equazione:

$$(44.b) \quad F_a^j \frac{\partial F_b^m}{\partial u^j} - F_b^j \frac{\partial F_a^m}{\partial u^j} = \frac{\partial F_b^m}{\partial v^a} - \frac{\partial F_a^m}{\partial v^b}$$

che è identica all'equazione (35.b) e ricordandosi che l'equazione (35b) è soddisfatta nell'ipotesi della proposizione (32.a), significa anche che l'equazione (26.b) è integrabile e ciò consente di costruire i sistemi di coordinate $\tilde{u}^i$ e $\tilde{v}^a$ in cui le componenti della sottomatrice $\tilde{g}_{ia}$ sono tutte nulle. In siffatti sistemi di coordinate le equazioni (19.b) e (20.b) diventano rispettivamente:

$$(45.b) \quad g_{il}\frac{\partial \xi^l}{\partial v^a} = 0 \quad ; \quad (46.b) \quad \xi^l\frac{\partial g_{ab}}{\partial u^l} = 0$$

L'equazione (45.b), essendo g_{il} non singolare, diventa:

$$(47.b) \quad \frac{\partial \xi^l}{\partial v^a} = 0$$

dalla quale risulta che i vettori di Killing su S_n non dipendono dalle coordinate v.

L'equazione (46.b), potendo i vettori di Killing, assumere qualunque valore, diventa:

$$(48.b) \quad \frac{\partial g_{ab}}{\partial u^l} = 0$$

dalla quale risulta che la sottomatrice g_{ab} non dipende dalle coordinate u.

Per completare la dimostrazione della proposizione (32.a) resta solo da fare vedere che la sottomatrice g_{ij} non dipende dalle coordinate v eccetto il fatto che viene moltiplicata per una funzione $f(v)$.

Per vedere ciò si osservi che fissato un punto v_0, nell'ipotesi della proposizione (32.a), esistono $m(m+1)/2$ vettroiri di Killing linearmente indipendenti, ma secondo l'equazione (46.b) essi sono vettori di Killing linearmente indipendenti qualunque sia il punto v. Allora dall'equazione (18.b) seguono le equazioni:

$$(49.b)$$

$$\frac{\partial \xi^l(u)}{\partial u^i} g_{lj}(u,v_0) + \frac{\partial \xi^l(u)}{\partial u^j} g_{li}(u,v_0) + \xi^l(u) \frac{\partial g_{ij}(u,v_0)}{\partial u^l} = 0$$

$$(50.b)$$

$$\frac{\partial \xi^l(u)}{\partial u^i} g_{lj}(u,v) + \frac{\partial \xi^l(u)}{\partial u^j} g_{li}(u,v) + \xi^l(u) \frac{\partial g_{ij}(u,v)}{\partial u^l} = 0$$

Ora si osservi che $g_{ij}(u,v_0)$ è il tensore metrico dei sottospazi m-dimensionali che, per ipotesi, godono della proprietà di simmetria massima e $g_{ij}(u,v)$ è un tensore di tipo $(0,2)$ simmetrico ad essi appartenente, quindi, secondo l'equazione (13.b), $g_{ij}(u,v)$ è proporzionale alla metrica $g_{ij}(u,v_0)$ mediante un coefficiente che non dipende dalle coordinate u, sicchè è possibile scrivere l'equazione seguente:

185

$$(51.b) \quad g_{il}(u,v) = f(v,v_0) g_{ij}(u,v_0)$$

Ma potendo essere fissato arbitrariamente il valore di v_0 l'equazione (51.b) diventa:

$$(52.b) \quad g_{ij}(u,v) = f(v)\overline{g}_{ij}(u)$$

in cui è stato posto:

$$f(v) = f(v,v_0) \quad \text{e} \quad \overline{g}_{ij}(u) = g_{ij}(u,v_o)$$

e con ciò resta dimostra la proposizione (32.a)

APPENDICE c

Il Tensore Metrico

Sia S_n uno spazio n-dimensionale e P un suo punto, si definisce tensore metrico g nel punto P un tensore covariante simmetrico di ordine 2 tale che qualunque siano i vettori $\vec{U}$ e $\vec{V}$ nel punto P si abbia:

$$(1.c) \qquad \varphi = \vec{U} \cdot \vec{V} = g\left(\vec{U}, \vec{V}\right)$$

(in cui φ denota il prodotto scalare tra $\vec{U}$ e $\vec{V}$)

che risulti definito l'angolo fra $\vec{U}$ e $\vec{V}$ dalla seguente relazione:

$$(2.c) \qquad \cos\psi = \frac{g\left(\vec{U}, \vec{V}\right)}{\sqrt{g\left(\vec{U}, \vec{U}\right)}\sqrt{g\left(\vec{V}, \vec{V}\right)}}$$

e che le componenti di g rispetto ad una base siano.

$$g_{ij} = g\left(E_i, E_j\right) = g\left(E_j, E_i\right)$$

Supponendo che la matrice g_{ij} sia non singolare: $\left|g_{ij}\right| \neq 0$ allora si può definire un tensore associato a g le cui componenti sono le inverse di g_{ij}. Il fatto di avere definito un tensore associato a g consente di ottenere un isomorfismo fra componenti covarianti e controvarianti di un vettore.

APPENDICE d

Simboli di Christoffel

Siano V^r e g rispettivamente un vettore arbitrario e il tensore metrico nel punto P di uno spazio S_n n-dimensionale. Si richiede per il vettore V^r l'invarianza della sua lunghezza nel trasporto parallelo dal punto P di una coordinata x^l al punto P' di una coordinate $x^l + dx^l$. In tal caso si può scrivere la seguente equazione:

$$(1.d) \quad g_{rk}(P)V^r(P)V^k(P) = g_{rk}(P')V^r(P')V^k(P')$$

e nel punto P' si avrà per il tensore g:

$$(2.d) \quad g_{rk}(P') = g_{rk}(P) + g_{rk,l}dx^l$$

Le componenti $V^r(P')$ sono determinate dalla seguente equazione:

$$(3.d) \quad V^r(P') = V^r(P) - \Gamma_{il}^r V^i dx^l$$

Introducendo l'equazione (2.d) e l'equazione (3.d) nell'equazione (1.d) si ottiene, trascurando i termini che contengono infinitesimi di ordine superiore al primo:

$$g_{rk}(P)V^r(P)V^k(P) = g_{rk}(P)V^r(P)V^k(P) - g_{rk}(P)V^r(P)\Gamma_{il}^k V^i dx^l +$$

$$-g_{rk}(P')V^k(P)\Gamma_{il}^r V^i dx^l + g_{rk,l}V^r(P)V^k(P)dx^l$$

da cui segue, per l'arbitrarietà di V^r e dx^l la seguente equazione:

$$(4.d) \quad \left(g_{rk,l} - g_{ri}\Gamma_{kl}^i - g_{ik}\Gamma_{rl}^i\right) = 0$$

che esprime la derivata covariante del tensore metrico g.

L'equazione (4.d) fornisce una relazione fra il tensore metrico g e le componenti della connessione affine simmetrica in r e k ed ha $n^2(n+1)/2$ componenti indipendenti, quindi non è sufficiente a determinare completamente una connessione ma ha esattamente il numero di componenti indipendenti per determinare una connessione simmetrica. Quindi, permutando ciclicamente l'equazione (4.d) e sommando si ottiene la seguente equazione:

$$\left(5.d\right) \quad \Gamma^{j}_{rk} = \frac{1}{2} g^{jl} \left(g_{lr,k} + g_{kl,r} - g_{rk,l}\right)$$

che definisce i simboli di Christoffel e determina le componenti indipendenti di una connessione simmetrica in termini del tensore metrico.

APPENDICE f

Il Tensore di Curvatura

Premessa: si denotino con $\Gamma^i_{(lr)}$ e $\Gamma^i_{[lr]}$ rispettivamente la parte simmetrica e la parte antisimmetrica della connessione Γ^i_{lr} e si scriva la connessione Γ^i_{lr} come segue:

$$(1.f) \qquad \Gamma^i_{lr} = \Gamma^i_{(lr)} + \Gamma^i_{[lr]}$$

in cui la parte simmetrica è determinata dall'equazione:

$$(2.f) \qquad \Gamma^i_{(lr)} = \frac{1}{2}\left(\Gamma^i_{lr} + \Gamma^i_{rl}\right)$$

e la parte antisimmetrica è determinata dall'equazione:

$$(3.f) \qquad \Gamma^i_{[lr]} = \frac{1}{2}\left(\Gamma^i_{lr} - \Gamma^i_{rl}\right)$$

Volendo definire il tensore di curvatura di uno spazio S_n n-dimensionale, si calcoli il commutatore della derivata covariante seconda del vettore covariante V_r, così facendo si ha:

$$(4.f) \qquad V_{r;j;l} - V_{r;l;j} = R^i_{rjl}V_i - 2\Gamma^i_{[jl]}V_{r;i}$$

in cui è stato posto:

$$(5.f) \qquad R^i_{rjl} \equiv \frac{\partial \Gamma^i_{lr}}{\partial x^j} - \frac{\partial \Gamma^i_{jr}}{\partial x^l} + \Gamma^k_{lr}\Gamma^i_{jk} - \Gamma^k_{jr}\Gamma^i_{lk}$$

Nell'equazione (4.f) sia il primo membro che il primo e il secondo termine del secondo membro sono tensori. Segue che l'equazione (5.f) definisce un tensore di ordine 4 una volta controvariante e tre volte covariante che prende il nome di *tensore di Reimann-Christoffel (o di curvatura)* dello spazio.

Si osservi che nell'ipotesi di connessione simmetrica il tensore di curvatura R^i_{rjl} si può esprimere in termini del tensore metrico g:

$$(6.f)$$

$$R_{irjl} = \frac{1}{2} \left(\frac{\partial^2 g_{il}}{\partial x^r \partial x^j} + \frac{\partial^2 g_{rj}}{\partial x^i \partial x^l} - \frac{\partial^2 g_{ij}}{\partial x^r \partial x^l} + \frac{\partial^2 g_{lr}}{\partial x^i \partial x^j} \right) g_{mp} \left(\Gamma_{rj}^m \Gamma_{il}^p - \Gamma_{rl}^m \Gamma_{ij}^p \right)$$

da cui seguono le seguenti importanti proprietà:

$$(7.f) \quad R_{irjl} = R_{jlir} \quad \text{(proprietà di simmetria)}$$

$$(8.f) \quad R_{irjl} = -R_{rijl} = -R_{irlj} = R_{rilj} \quad \text{(proprietà antisimmetrica)}$$

$$(9.f) \quad R_{irjl} + R_{ilrj} + R_{ijlr} = 0 \quad \text{(proprietà ciclica)}$$

APPENDICE g

Tensore di Ricci, Curvatura Scalare ed Identità di Bianchi

Si definisce *tensore di Ricci* R_{rl} di uno spazio S_n n-dimensionale la seguente contrazione del tensore di curvatura R^i_{rlj}:

$$(1.g) \quad R_{rl} \equiv R^i_{ril}$$

che può anche scriversi come:

$$(2.g) \quad R_{rl} = g^{ij} R_{irjl}$$

Il tensore di Ricci così definito è un tensore simmetrico. Infatti, utilizzando la proprietà antisimmetrica (8.f) e la proprietà simmetrica (7.f), si ottiene la seguente equazione:

$$R_{rl} = g^{ij} R_{irjl} = -g^{ij} R_{rijl} = -g^{ij} R_{jlri} = g^{ji} R_{jlir} = R_{lr}$$

il che dimostra l'asserto.

Si definisce *curvatura scalare* R di uno spazio S_n n-dimensionale la seguente contrazione del tensore di Ricci:

$$(3.g) \quad R \equiv R^r_r = g^{rl} R_{rl}$$

È possibile ottenere dal tensore di curvatura R^i_{rjl} un insieme di identità differenziali note come *identità di Bianchi:*

$$(4.g) \quad R^i_{rjl;m} + R^i_{rmj;l} + R^i_{rlm;j} = 0$$

che a partire dalle quali è possibile ricavare un'importante proprietà per il tensore di Einstein.

Si definisce *tensore di Einstein* su uno uno spazio S_n n-dimensionale la seguente espressione:

$$(5.g) \quad G^{rl} = \left(R^{rl} - \frac{1}{2} g^{rl} R \right)$$

ottenuta utilizzando il tensore di Ricci e la curvatura sclare.

Per ricavare la suddetta proprietà si contrae l'equazione (4.g) rispetto agli indici i e j. Così facendo si ottiene la seguente equazione:

$$(6.g) \quad R_{rl;m} - R_{rm;l} + R^{i}_{rlm;i} = 0$$

in cui il segno meno si capisce osservando che è: $R_{rl} \equiv R^{i}_{ril} = -R^{i}_{rli}$.
Inoltre contraendo l'equazione (6.g) rispetto agli indici r ed l si ottiene la seguente equazione:

$$(7.g) \quad R_{;m} - R^{l}_{m;l} - R^{i}_{m;i} = 0$$

da cui segue l'equazione:

$$(8.g) \quad R^{i}_{m;i} - \frac{1}{2} R_{;m} = 0$$

che moltiplicata per g^{rm} fornisce la seguente equazione:

$$(9.g) \quad g^{rm} R^{i}_{m;i} - \frac{1}{2} g^{rm} R_{;m} = 0$$

ed osservando che la derivata covariante del tensore metrico è nulla, l'equazione (9.g) diventa:

$$(10.g) \quad \left(R^{rl} - \frac{1}{2} g^{rl} R \right)_{;l} = 0$$

dalla quale si nota che derivata covariante del tensore di Einstein è nulla

APPENDICE m

M1. SCALARI E VETTORI

Vi sono grandezze fisiche che sono completamente determinate quando si conosce il valore numerico seguito dall'unità di misura. Tali grandezze sono dette *scalari* di cui sono esempi: la temperatura, la massa, la densità, l'energia, ecc. Insieme alle grandezze scalari, vi sono grandezze fisiche per le quali la conoscenza del valore numerico seguito dall'unità di misura non basta per una loro completa determinazione. Tali grandezze sono dette *vettoriali* di cui sono esempi: la velocità, l'accelerazione, la forza, la quantità di moto ecc. Le grandezze scalari possono essere trattate, dal punto di vista del calcolo, secondo le regole dell'algebra ordinaria; diversamente, per le grandezze vettoriali devono essere definiti degli *enti* a carattere matematico in grado di rappresentarne tutte le caratteristiche: il loro *valore numerico (detto modulo o intensità)*, la *direzione* e il *verso*. Gli enti in grado di descrivere queste caratteristiche sono i *segmenti orientati* in quanto ad essi si possono associare: una direzione che è quella della retta di giacitura, un verso che è quello definito dall'ordinamento dei loro punti che va da un estremo all'altro, un modulo che è quello definito dalla loro lunghezza rispetto ad una prefissata unità di misura.

Si definiscono vettori i segmenti orientati

essi si rappresentano, *simbolicamente*, con una *lettera* segnata da una *freccia* e, *geometricamente,* con una *freccia* la cui lunghezza fornisce il *modulo*, la punta fornisce il *verso* e la retta sulla quale giace fornisce la *direzione*.

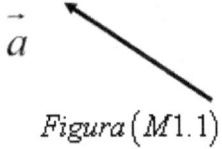

$$\vec{a}$$

Figura $(M1.1)$

Si osservi che qualora si fosse interessati al solo modulo del vettore, la notazione simbolica viene privata della segnatura della freccia oppure viene posta tra due barre verticali. Per esempio se si vuole indicare il modulo del vettore $\vec{a}$ si può scrivere semplicemente a oppure $\left|\vec{a}\right|$.

Una direzione nello spazio è definita da un fascio improprio di rette parallele.

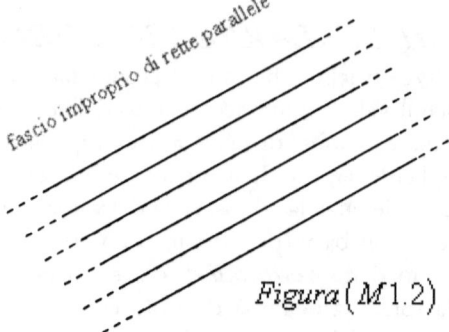

Figura $(M1.2)$

due vettori $\vec{a}$ e $\vec{b}$ si dicono uguali se hanno lo stesso modulo, lo stesso verso e la stessa direzione

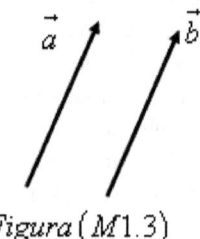

Figura $(M1.3)$

due vettori $\vec{a}$ e $\vec{b}$ si dicono opposti se hanno lo stesso modulo, la stessa direzione e versi opposti

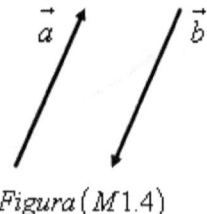

Figura $(M1.4)$

Sia k un numero reale positivo ed $\vec{a}$ un vettore, si definisce prodotto dello scalare k per il vettore $\vec{a}$*, il vettore* $k\vec{a}$ avente la stessa direzione e verso di $\vec{a}$ e modulo k volte il modulo di $\vec{a}$

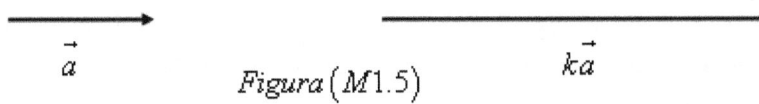

Figura $(M1.5)$

Se k e un numero reale negativo, il vettore $-k\vec{a}$ ha la stessa direzione

di $\vec{a}$, verso opposto ad $\vec{a}$ e modulo pari a k volte il modulo di $\vec{a}$.

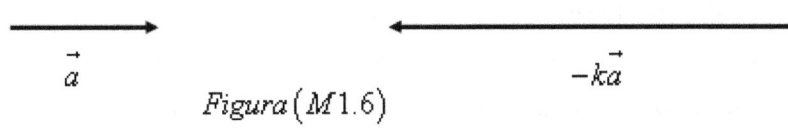

Figura $(M1.6)$

Consegue che moltiplicare un vettore per lo scalare -1 equivale a cambiare il verso del vettore, cioè a considerare il suo opposto.

Si dice versore di un vettore $\vec{a}$ il vettore $\vec{u}$ avente la stessa direzione e verso di $\vec{a}$ e modulo unitario.

$$(M1.1) \qquad \vec{a} = \vec{u}a$$

Proiettando il vettore $\vec{a}$ su una retta orientata r si ottiene il vettore $\vec{a}_r$ che può essere concorde o discorde con la retta r

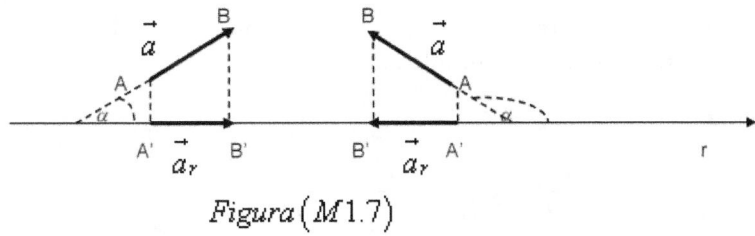

Figura $(M1.7)$

Si definisce il componente del vettore $\vec{a}$ secondo la retta r il vettore $\vec{a}_r$ proiezione su r del segmento rappresentativo di $\vec{a}$.

Si definisce la componente del vettore $\vec{a}$ secondo la retta r la misura a_r del segmento orientato $\overline{A'B'}$ proiezione del modulo del vettore $\vec{a}$ sulla retta r :

$$(M1.2) \qquad a_r = a \cos \alpha$$

M2. SOMMA DI VETTORI

Si dice che il vettore $\vec{s}$ è la somma dei vettori $\vec{a}$ e $\vec{b}$ se $\vec{s}$ si ottiene riportando i vettori $\vec{a}$ e $\vec{b}$ come lati consecutivi di un parallelogrammo in modo che l'estremo del vettore $\vec{a}$ coincide con l'origine del vettore $\vec{b}$ e l'origine e l'estremo del vettore $\vec{s}$ coincidono rispettivamente con l'origine del vettore $\vec{a}$ e l'estremo del vettore $\vec{b}$.

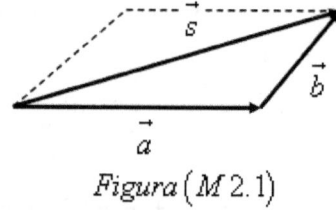

Figura $(M\,2.1)$

Per determinare il modulo di $\vec{s}$ si consideri la figura (M2.2) e si applichi il teorema di Pitagora al triangolo rettangolo ACD, così facendo si ottiene la seguente relazione:

$$(M2.1) \qquad \overline{AD}^2 = \left(\overline{AB} + \overline{BC} \right)^2 + \overline{CD}^2$$

Figura $(M\,2.2)$

Poichè $\overline{AD} = s$; $\overline{AB} = a$; $\overline{BC} = b\cos\theta$; $\overline{CD} = b\sin\theta$, la relazione (M2.1) si può scrivere come: $s^2 = (a + b\cos\theta)^2 + b^2\sin^2\theta$ che sviluppata fornisce il modulo del vettore $\vec{s}$:

$$(M2.2) \quad s = \sqrt{a^2 + b^2 + 2ab\cos\theta}$$

Per determinare la direzione e il verso è sufficiente conoscere l'angolo α. A tal fine si considerino i triangoli rettangoli ACD e BCD, si può scrivere (vedi la figura (M2.2)):

$$\overline{CD} = s(\sin\alpha) = b(\sin\theta) \Rightarrow (M2.3) \quad \frac{s}{\sin\theta} = \frac{b}{\sin\alpha}$$

Ora, si considerino i triangoli rettangoli ABE e BED si può scrivere (vedi la figura (M2.2)):

$$\overline{BE} = a(\sin\alpha) = b(\sin\beta) \Rightarrow (M2.4) \quad \frac{a}{\sin\beta} = \frac{b}{\sin\alpha}$$

Combinando le equazioni (M2.3) e (M2.4) si ottiene la seguente relazione:

$$(M2.5) \quad \frac{s}{\sin\theta} = \frac{a}{\sin\beta} = \frac{b}{\sin\alpha}$$

che consente la determinazione della direzione e del verso del vettore somma.

Applicando più volte la regola di somma di due vettori, si vede subito che la somma di più vettori si ottiene costruendo la poligonale che ha i vettori assegnati come lati: la somma cercata è il vettore che ha l'origine coincidente con l'origine del primo vettore e l'estremo coincidente con l'estremo dell'ultimo vettore.

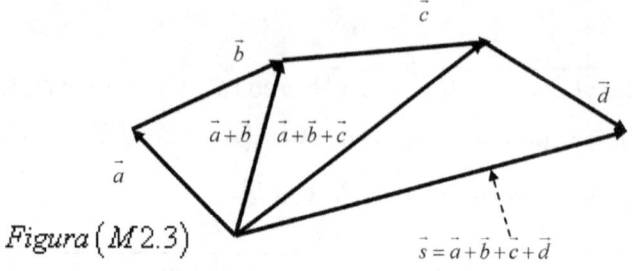

Figura $(M2.3)$

$\vec{s} = \vec{a} + \vec{b} + \vec{c} + \vec{d}$

La somma di due vettori gode della proprietà commutativa. Siano $\vec{a}$ e $\vec{b}$ due vettori, si ha: $\vec{a} + \vec{b} = \vec{b} + \vec{a}$ come risulta dalla figura (M2.4):

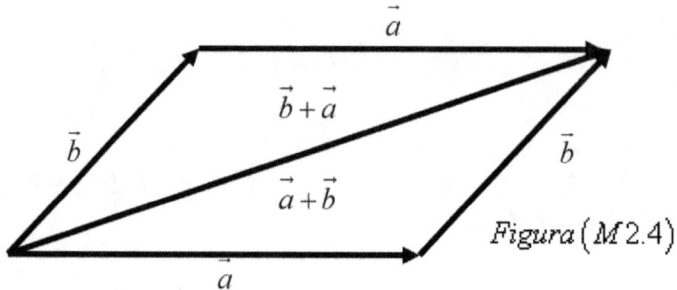

Figura $(M2.4)$

La somma di vettori gode della proprietà associativa. Siano $\vec{a}, \vec{b}, \vec{c}$ tre vettori, si ha:

$$\vec{a} + \vec{b} + \vec{c} = \left(\vec{a} + \vec{b}\right) + \vec{c} = \vec{a} + \left(\vec{b} + \vec{c}\right)$$

come risulta dalla figura (M2.5)

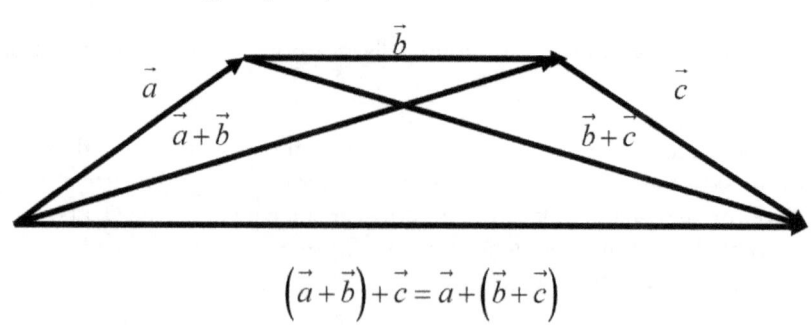

$$\left(\vec{a} + \vec{b}\right) + \vec{c} = \vec{a} + \left(\vec{b} + \vec{c}\right)$$

Figura $(M2.5)$

Si osservi che la differenza di due vettori può essere determinata ricordandosi che il segno meno, davanti al simbolo che rappresenta il vettore, indica un cambiamento del verso dello stesso vettore: quindi si può scrivere la relazione: $\vec{s} = \vec{a} - \vec{b} = \vec{a} + \left(-\vec{b}\right)$

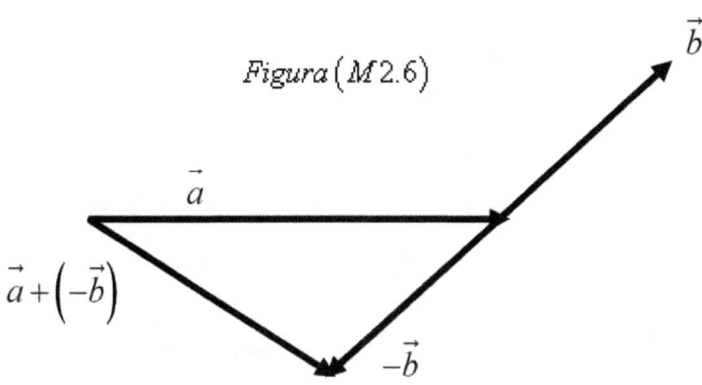

Figura $(M2.6)$

M3. RELAZIONE TRA VETTORI E COORDINATE CARTESIANE ORTOGONALI

Si consideri uno spazio tridimensionale e sia OXY un sistema di coordinate cartesiane ortogonali tale che la sua origine coincide con l'origine di un generico vettore $\vec{a}$

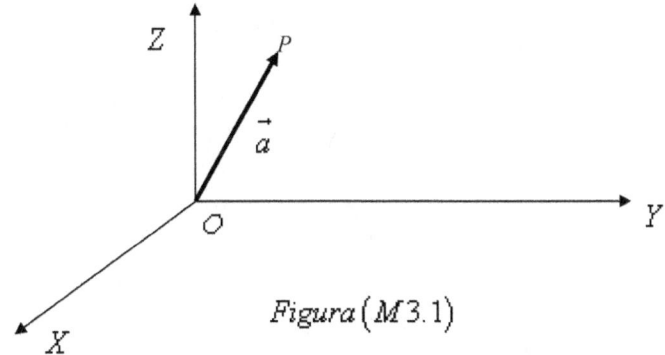

Figura $(M3.1)$

Sia Q la proiezione del punto P, estremo del vettore $\vec{a}$, sul piano XY e si consideri la retta passante per i punti O e Q orientata da O verso Q:

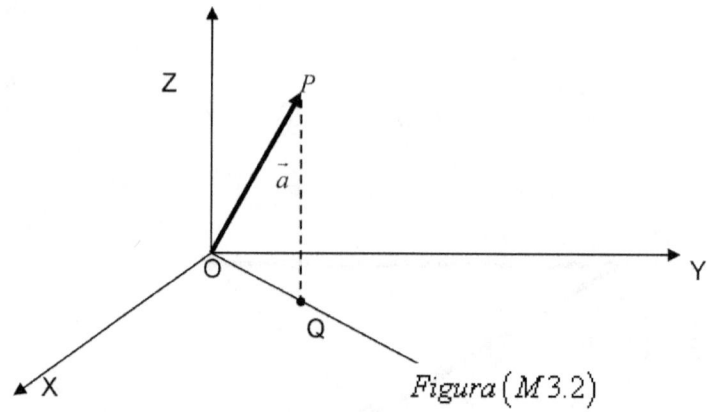

Figura $(M3.2)$

Proiettando il vettore $\vec{a}$ sull'asse Z e sulla retta OQ si determinano i vettori $\vec{a}_z$ e $\vec{a}_{xy}$ che sono rispettivamente i componenti di $\vec{a}$ lungo l'asse Z e la retta OQ. Il vettore $\vec{a}_{xy}$ può essere proiettato sull'asse X e sull'asse Y determinando i vettori $\vec{a}_x$ e $\vec{a}_y$ che sono rispettivamente i component di $\vec{a}_{xy}$ lungo l'asse X e lungo l'asse Y. I vettori $\vec{a}_x, \vec{a}_y, \vec{a}_z$ sono i vettori component del vettore $\vec{a}$ lungo le direzioni degli assi coordinati X, Y, Z. Pertanto si può scrivere la seguente relazione:

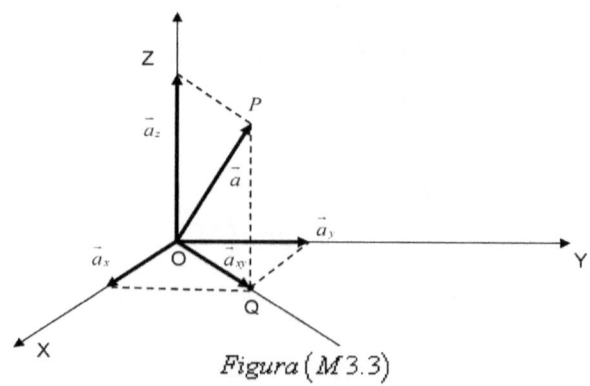

Figura $(M3.3)$

$$(M3.1) \qquad \vec{a} = \vec{a}_x + \vec{a}_y + \vec{a}_z$$

Indicando con $\vec{i}, \vec{j}, \vec{k}$ I versori dei vettori $\vec{a}_x, \vec{a}_y, \vec{a}_z$, l'equazione (M3.1) si può scrivere come:

$$(M3.2) \qquad \vec{a} = \vec{i}a_x + \vec{j}a_y + \vec{k}a_z$$

in cui a_x, a_y, a_z sono le componenti del vettore $\vec{a}$ lungo gli assi coordinati e si dicono **componenti cartesiane** del vettore $\vec{a}$.

Si osservi che l'equazione (M3.2), pur esprimendo una relazione fra un generico vettore $\vec{a}$ ed i sistemi di coordinate cartesiane ortogonali in uno spazio tridimensionale, è valida per spazi di dimensioni qualsiasi.

Volendo determinare modulo direzione e verso del vettore $\vec{a}$, si consideri la figura (M3.4) in cui considerando il triangolo rettangolo OAQ si può scrivere la relazione:

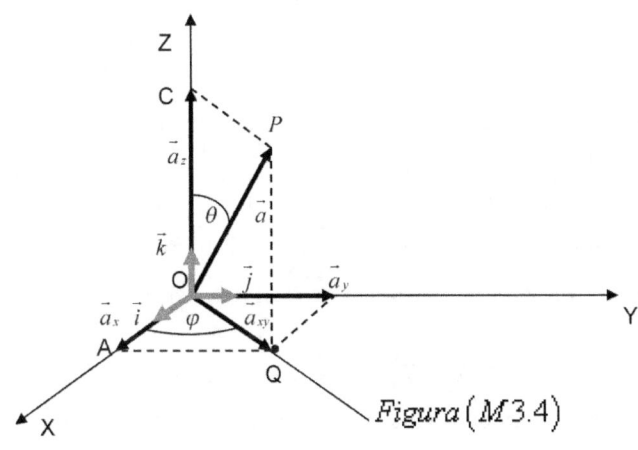

Figura $(M3.4)$

$$(M3.3) \qquad a_{xy} = \sqrt{a_x^2 + a_y^2}$$

Considerando il triangolo OCP si può scrivere la seguente relazione:

$$(M3.4) \qquad a = \sqrt{a_{xy}^2 + a_z^2}$$

in cui sostituendo il valore di a_{xy} dato dall'equazione (M3.3) si ottiene la relazione:

$$(M3.5) \qquad a = \sqrt{a_x^2 + a_y^2 + a_z^2}$$

che esprime il modulo del vettore $\vec{a}$ in termini delle componenti cartesiane.

Dai triangoli OAQ e OCP si ricavano rispettivamente le seguenti formule:

$$(M3.6) \qquad \begin{cases} \varphi = \arctan \dfrac{a_y}{a_x} \\ \theta = \arctan \dfrac{\sqrt{a_x^2 + a_y^2}}{a_z} \end{cases}$$

che esprimono direzione e verso del vettore $\vec{a}$ in termini delle component cartesiane.

Siano $\vec{a} = \vec{i}a_x + \vec{j}a_y + \vec{k}a_z$ e $\vec{b} = \vec{i}b_x + \vec{j}b_y + \vec{k}b_z$ due vettori di uno spazio tridimensionale espresso in termini di componenti cartesiane, si definisce **somma** dei vettori $\vec{a}$ e $\vec{b}$ il vettore $\vec{s}$ dato dalla seguente espressione:

$$(M3.7) \qquad \vec{s} = \vec{i}s_x + \vec{j}s_y + \vec{k}s_z$$

le cui componenti cartesiane si ottengono sommando algebricamente le componenti cartesiane dei vettori $\vec{a}$ e $\vec{b}$:

$$\begin{cases} s_x = a_x + b_x \\ s_y = a_y + b_y \\ s_z = a_z + b_z \end{cases}$$

Questi risultati non sono limitati a due soli vettori ma si applicano ad un numero qualsiasi di vettori.

M4. PRODOTTO SCALARE DI VETTORI

Siano $\vec{a}$ e $\vec{b}$ due vettori, si definisce **prodotto scalare o interno** dei vettori $\vec{a}$ e $\vec{b}$ la quantità $\vec{a} \cdot \vec{b}$ *(leggere a scalare b oppure a interno b)* che si ottiene dal prodotto dei moduli del vettore $\vec{a}$ e del vettore $\vec{b}$ e dal coseno dell'angolo α compreso tra le loro direzioni:

$$(M4.1) \qquad \vec{a} \cdot \vec{b} = ab \cos \alpha$$

Il prodotto scalare di due vettori si può anche determinare facendo il prodotto del modulo del vettore $\vec{a}$ e della componente del vettore $\vec{b}$ sulla direzione del vettore $\vec{a}$:

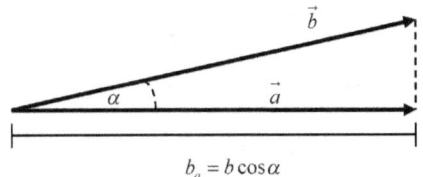

$$b_a = b \cos \alpha$$

Figura $(M4.1)$

oppure, inversamente, facendo il prodotto del modulo del vettore $\vec{b}$ e della componente del vettore $\vec{a}$ sulla direzione del vettore $\vec{b}$:

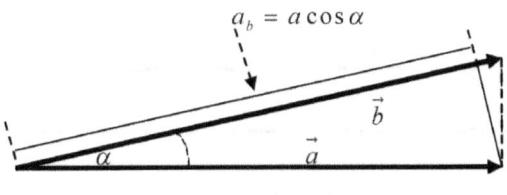

$$a_b = a \cos \alpha$$

Figura $(M4.2)$

Segue, banalmente, che il prodotto scalare è *commutativo:*

$$\vec{a} \cdot \vec{b} = \vec{b} \cdot a$$

Si verifica che il prodotto scalare gode della **proprietà distributiva rispetto alla somma di vettori:**

$$\vec{a} \cdot \left(\vec{b} + \vec{c} \right) = \vec{a} \cdot \vec{b} + \vec{a} \cdot \vec{c}$$

da cui deriva la più generale formula:

$$(M4.2) \qquad \left(\vec{a_1} + \vec{b_1} \right) \cdot \left(\vec{a_2} + \vec{b_2} \right) = \vec{a_1} \cdot \vec{a_2} + \vec{a_1} \cdot \vec{b_2} + \vec{b_1} \cdot \vec{a_2} + \vec{b_1} \cdot \vec{b_2}$$

che esprime l'usuale regola di sviluppo delle parentesi quando si moltiplicano i polinomi.

Dall'equazione (M4.1) si deduce che:

- se $\vec{a}$ e $\vec{b}$ hanno la stessa direzione e lo stesso verso allora è $\alpha = 0$ e quindi risulta: $\vec{a} \cdot \vec{b} = ab$

$$\vec{b}$$
$$\vec{a}$$

Figura $(M4.3)$

- se $\vec{a}$ e $\vec{b}$ hanno la stessa direzione e versi opposti allora è $\alpha = \pi$ e quindi risulta: $\vec{a} \cdot \vec{b} = -ab$

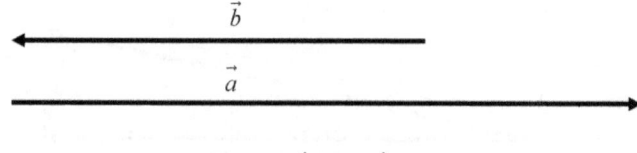

$$\vec{b}$$
$$\vec{a}$$

Figura $(M4.4)$

- se $\vec{a}$ e $\vec{b}$ hanno direzioni ortogonali allora è $\alpha = \dfrac{\pi}{2}$ e quindi risulta: $\vec{a} \cdot \vec{b} = 0$

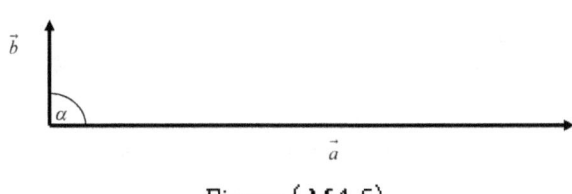

Figura $(M4.5)$

In particolare si ha: $\vec{a} \cdot \vec{a} = aa = a^2$. Per i versori $\vec{i}, \vec{j}, \vec{k}$ degli assi coordinate XYZ si ha:

$(M4.3)$
$$
\begin{cases}
\vec{i} \cdot \vec{i} = 1 & ; \quad \vec{i} \cdot \vec{j} = 0 \quad ; \quad \vec{i} \cdot \vec{k} = 0 \\
\vec{j} \cdot \vec{j} = 1 & ; \quad \vec{k} \cdot \vec{k} = 1 \quad ; \quad \vec{j} \cdot \vec{k} = 0
\end{cases}
$$

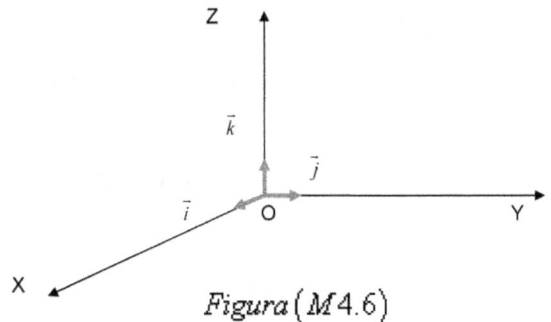

Figura $(M4.6)$

Siano $\left(a_x, a_y, a_z\right)$ e $\left(b_x, b_y, b_z\right)$ le componenti cartesiane rispettivamente dei vettori $\vec{a}$ e $\vec{b}$. Si definisce **prodotto scalare o interno** dei vettori $\vec{a}$ e $\vec{b}$ la quantità $\vec{a} \cdot \vec{b}$ che si ottiene dalla somma dei prodotti delle componenti omonime:

$$(M4.4) \qquad \vec{a} \cdot \vec{b} = a_x b_x + a_y b_y + a_z b_z$$

Questa definizione è equivalente alla (M4.1). Infatti si ha:

$$\vec{a} \cdot \vec{b} = \left(\vec{i} a_x + \vec{j} a_y + \vec{k} a_z \right) \cdot \left(\vec{i} b_x + \vec{j} b_y + \vec{k} b_z \right)$$

in cui tenendo conto dell'equazione (M4.2) e delle relazioni (M4.3), si ottiene l'equazione (M4.4).

M5. PRODOTTO VETTORIALE DI VETTORI

Siano $\vec{a}$ e $\vec{b}$ due vettori, si definisce *prodotto vettoriale o esterno* dei vettori $\vec{a}$ e $\vec{b}$ la quantità vettoriale $\vec{a} \wedge \vec{b}$ *(leggere a vettore b oppure a esterno b)* tale che il modulo si ottiene dal prodotto dei moduli dei vettori $\vec{a}$ e $\vec{b}$ e dal seno dell'angolo α compreso tra le loro direzioni:

$$(M5.1) \qquad \left| \vec{a} \wedge \vec{b} \right| = ab \sin \alpha$$

la direzione è quella ortogonale al piano dei vettori $\vec{a}$ e $\vec{b}$ ed il verso è tale che supposto $\vec{a}$ e $\vec{b}$ applicati allo stesso punto, un osservatore avente i piedi in O e disposto lungo il vettore $\vec{a} \wedge \vec{b}$ vede la rotazione di $\vec{a}$ verso $\vec{b}$ *(vedi la figura (M5.1))*.

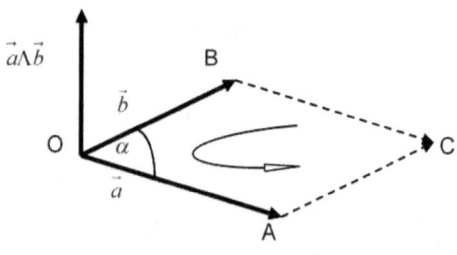

Figra $(M5.1)$

Dal punto di vista geometrico il secondo membro dell'equazione (M5.1) esprime l'area del parallelogrammo $OACB$ della figura (M5.1) avente per lati i vettori $\vec{a}$ e $\vec{b}$. Per quanto riguarda il modulo del prodotto vettoriale, esso può anche essere determinato facendo il prodotto del modulo del vettore $\vec{a}$ per la componente del vettore $\vec{b}$ ortogonale alla direzione del vettore $\vec{a}$ *(vedi la figura (M5.2):*

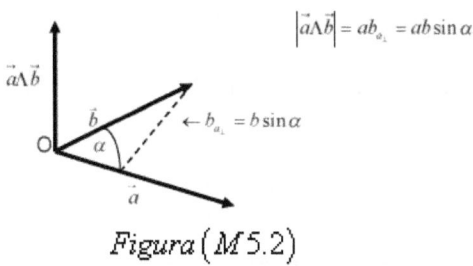

Figura $(M5.2)$

oppure, facendo il prodotto del modulo del vettore $\vec{b}$ per la componente del vettore $\vec{a}$ ortogonale alla direzione del vettore $\vec{b}$ *(vedi la figura (M5.3)*

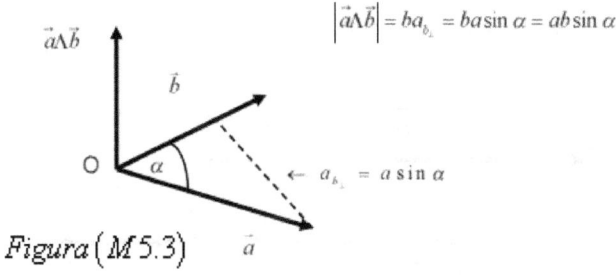

Figura $(M5.3)$

Il prodotto vettoriale è un'operazione anticommutativa:

$$\vec{a}\wedge\vec{b} = -\vec{b}\wedge\vec{a}$$

Il prodotto vettoriale verifica la ***proprietà distributiva*** rispetto alla somma di vettori:

$$\vec{a}\wedge\left(\vec{b}+\vec{c}\right)=\vec{a}\wedge\vec{b}+\vec{a}\wedge\vec{c}$$

Il prodotto vettoriale verifica la proprietà associativa:

$$\vec{a}\wedge\vec{b}\wedge\vec{c}=\vec{a}\wedge\left(\vec{b}\wedge\vec{c}\right)=\left(\vec{a}\wedge\vec{b}\right)\wedge\vec{c}$$

Dall'equazione (M5.1) si ha:

- se $\vec{a}$ e $\vec{b}$ hanno la stessa direzione e verso allora è $\alpha = 0$ e quindi risulta:

$$\vec{a}\wedge\vec{b}=0$$

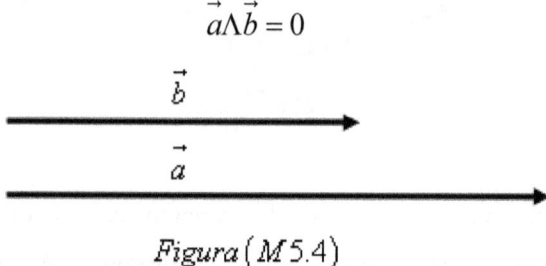

Figura $\left(M5.4\right)$

- se $\vec{a}$ e $\vec{b}$ hanno la stessa direzione e versi opposti allora è $\alpha = \pi$ e quindi risulta:

$$\vec{a}\wedge\vec{b}=0$$

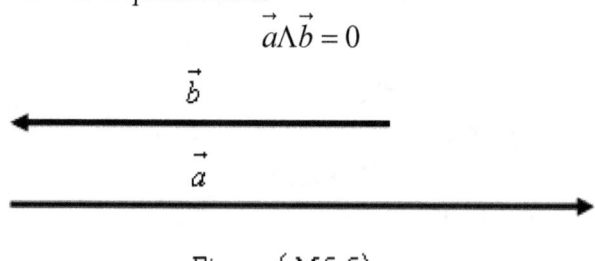

Figura $\left(M5.5\right)$

- se $\vec{a}$ e $\vec{b}$ hanno direzioni ortogonali allora è $\alpha = \dfrac{\pi}{2}$ e quindi risulta:

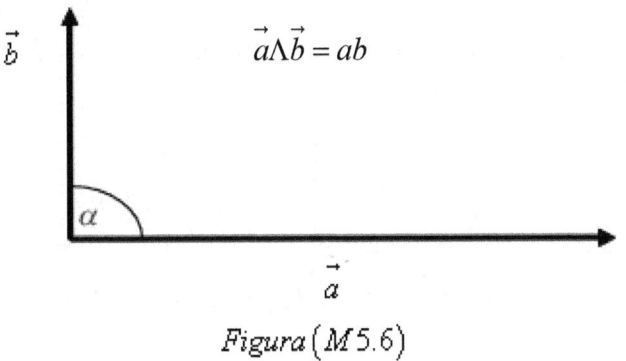

$$\vec{a} \wedge \vec{b} = ab$$

Figura (M 5.6)

In particolare si ha per i versori:

$$\overbrace{\vec{i} \wedge \vec{i} = 0}^{1} \quad ; \quad \overbrace{\vec{j} \wedge \vec{j} = 0}^{2} \quad ; \quad \overbrace{\vec{k} \wedge \vec{k} = 0}^{3}$$

$$\overbrace{\vec{i} \wedge \vec{j} = -\vec{j} \wedge \vec{i} = \vec{k}}^{4} \quad ; \quad \overbrace{\vec{j} \wedge \vec{k} = -\vec{k} \wedge \vec{j} = \vec{i}}^{5} \quad ; \quad \overbrace{\vec{k} \wedge \vec{i} = -\vec{i} \wedge \vec{k} = \vec{j}}^{6}$$

Figura (M 5.7)

Siano $\left(a_x, a_y, a_z\right)$ e $\left(b_x, b_y, b_z\right)$ le componenti cartesiane dei vettori $\vec{a}$ e $\vec{b}$, si definisce **_prodotto vettoriale o esterno_** dei vettori $\vec{a}$ e $\vec{b}$ la quantità vettoriale $\vec{a}\wedge\vec{b}$ che si ottiene sviluppando il seguente determinante simbolico:

$$\vec{a}\wedge\vec{b} = \begin{vmatrix} \vec{i} & \vec{j} & \vec{k} \\ a_x & a_y & a_z \\ b_x & b_y & b_z \end{vmatrix}$$

$$(M5.2) \qquad \vec{a}\wedge\vec{b} = \vec{i}\left(a_y b_z - a_z b_y\right) + \vec{j}\left(a_z b_x - a_x b_z\right) + \vec{k}\left(a_x b_y - a_y b_x\right)$$

Questa definizione è equivalente alla definizione (M5.1). Infatti si ha:

$$\vec{a}\wedge\vec{b} = \left(\vec{i}a_x + \vec{j}a_y + \vec{k}a_z\right)\wedge\left(\vec{i}b_x + \vec{j}b_y + \vec{k}b_z\right)$$

per la proprietà distributiva si ha:

$$\vec{a}\wedge\vec{b} = \vec{i}\wedge\vec{i}a_x b_x + \vec{i}\wedge\vec{j}a_x b_y + \vec{i}\wedge\vec{k}a_x b_z + \vec{j}\wedge\vec{i}a_y b_x + \vec{j}\wedge\vec{j}a_y b_y + \vec{j}\wedge\vec{k}a_y b_z +$$
$$+\vec{k}\wedge\vec{i}a_z b_x + \vec{k}\wedge\vec{j}a_z b_y + \vec{k}\wedge\vec{k}a_z b_z$$

tenendo conto del prodotto vettoriale dei versori si ha:

$$\vec{a}\wedge\vec{b} = \vec{k}a_x b_y - \vec{j}a_x b_z - \vec{k}a_y b_x + \vec{i}a_y b_z + \vec{j}a_z b_x - \vec{i}a_z b_y$$

e ponendo in evidenza i versori comuni, si ha:

$$\vec{a}\wedge\vec{b} = \vec{i}\left(a_y b_z - a_z b_y\right) + \vec{j}\left(a_z b_x - a_x b_z\right) + \vec{k}\left(a_x b_y - a_y b_x\right)$$

che coincide con la definizione (M5.2).

E' stato detto che vi sono grandezze fisiche completamente determinate dal loro valore numerico seguito dall'unità di misura: *le*

212

grandezze scalari che possono essere trattate, dal punto di vista del calcolo, secondo le regole dell'algebra ordinaria; diversamente per l'altra classe di grandezze: *le grandezze vettoriali* per le quali si è reso necessario l'introduzione di un nuovo **ente** a carattere matematico, più complesso del semplice numero, **il vettore,** in grado di rappresentarle in maniera completa, e per il quale sono state illustrate alcune regole riguardanti le operazioni di somma e prodotto. Orbene, si vuole osservare che le operazioni di prodotto scalare e prodotto vettoriale, così come sono state definite, sono giustificate dal fatto che alcune grandezze fisiche si ottengono proprio facendo il prodotto scalare e il prodotto vettoriale di altre grandezze fisiche, per esempio: la grandezza fisica scalare **lavoro** si ottiene facendo il **prodotto scalare** del **vettore forza** e del **vettore spostamento,** la grandezza fisica vettoriale **forza di Lorentz** si ottiene facendo il **prodotto vettoriale** del **vettore velocità** e del **vettore induzione campo magnetico** per il quale la carica elettrica transita. Tuttavia, il prodotto scalare e il prodotto vettoriale di vettori non sono gli unici prodotti che possono essere definiti con i vettori. Si può definire il **prodotto tensoriale** fra vettori il cui risultato è un **tensore, ente matematico che generalizza il concetto di vettore e che serve a rappresentare grandezze fisiche più complesse.** Per esempio: **il campo gravitazionale** nella **Teoria della Relatività Generale,** è rappresentato da un **tensore** a sedici componenti $g_{\mu\nu}$ detto **tensore metrico dello spazio-tempo di Einstein.** Sicché, uno scalare è **un tensore di ordine zero** un vettore è **un tensore di ordine uno.**

M6. VETTORI CONTROVARIANTI E VETTORI COVARIANTI

Sia dato un insieme di n vettori $\vec{a_1}, \vec{a_2}, \ldots\ldots\ldots\ldots, \vec{a_n}$, si dice che essi costituiscono un insieme di vettori *linearmente indipendenti* se considerati n scalari $s_1 s_2, \ldots\ldots\ldots s_n$ e imposto che sia:

$$(M6.1) \quad s_1\vec{a_1} + s_2\vec{a_2}, +, \ldots\ldots\ldots\ldots, +s_n\vec{a_n} = 0$$

tale equazione risulta soddisfatta *se e soltanto se* risulta:

$$s_1 = s_2 =, \ldots\ldots\ldots, = s_n = 0$$

Diversamente, se gli scalari $s_1 s_2, \ldots \ldots s_n$ non sono tutti nulli e l'equazione (M6.1) risulta soddisfatta, gli n vettori *sono linearmente dipendenti.*
Si osservi che in un insieme di vettori indipendenti nessuno di essi è un vettore nullo.

Si dice *base* di uno spazio vettoriale il *numero massimo di vettori linearmente indipendenti,* tali vettori generano, per combinazione lineare, l'intero spazio vettoriale.

Si dicono *componenti controvarianti* di un vettore $\vec{a}$ in una base:

$$\{e_i\} \quad \{i = 1, 2, \ldots, n\}$$

i numeri a^i , univocamente determinati, tali che risulti:

$$\vec{a} = a^1 e_1 + a^2 e_2 + a^3 e_3 +, \ldots \ldots, a^n e_n \Rightarrow$$

$(M6.2)$

$$\vec{a} = a^i e_i \quad \{i = 1, 2, 3, \ldots, n\}$$

Si osservi che quando si trova ripetuto lo stesso indice in alto e in basso si sottintende la somma su quell'indice (convenzione di Einstein).

Esprimendo il vettore $\vec{a}$ anche in termini di un'altra base:

$$\{b_k\} \quad \{k = 1, 2, \ldots, n\}$$

si ha:

$$\vec{a} = s^1 b_1 + s^2 b_2 + \ldots \ldots + s^n b_n \Rightarrow$$

$(M6.3)$

$$\vec{a} = s^k b_k \quad \{k = 1, 2, 3, \ldots, n\}$$

Confrontano le equazioni (M6.2) e (M6.3) si ottiene l'equazione:

$$\vec{a} = a^i e_i = s^k b_k \Rightarrow b_k = \frac{a^i}{s^k} e_i \Rightarrow$$

$$(M6.4) \quad b_k = A_k^i e_i$$

che fornisce l'equazione per il passaggio dalla base e_i alla base b_k.

D'altro canto, si osservi che risulta anche:

$$\vec{a} = s^k b_k = a^i e_i \Rightarrow e_i = \frac{s^k}{a^i} b_k = A_i^k b_k \Rightarrow s^k b_k = a^i A_i^k b_k \Rightarrow$$

$$(M6.5) \quad s^k = a^i A_i^k$$

che fornisce l'equazione per il passaggio delle componenti dalla base e_i alla base b_k.

Osservando l'equazione (M6.5) si nota che le componenti di un vettore si trasformano inversamente di come si trasformano, attraverso l'equazione (M6.4), le basi. Infatti, le loro matrici di trasformazioni sono l'una l'inverso dell'altra. È per questo motivo che le componenti a^i dei vettori si dicono **controvarianti** e l'equazione (M6.5) **legge di controvarianza.**

Si consideri una base $\{e_i\}$ di un spazio vettoriale tridimensionale V_3 e sia O un punto dello spazio. Si dice **riferimento cartesiano di origine O associato alla base** $\{e_i\}$ e si indica con la notazione: $\{O, e_i\}$, la terna cartesiana (O, X^1, X^2, X^3) di origine O con l'asse X^i parallelo e concorde con e_i per $\forall i$

Se per $\forall i$ sull'asse X^i si sceglie come unità di misura un segmento avente la lunghezza pari ai vettori della base $\{e_i\}$, le componenti controvarianti del vettore $\vec{a}$ nella base $\{e_i\}$ coincidono con le coordinate del punto P nel riferimento $\{O, e_i\}$ *(vedi la figura (M6.1)).*

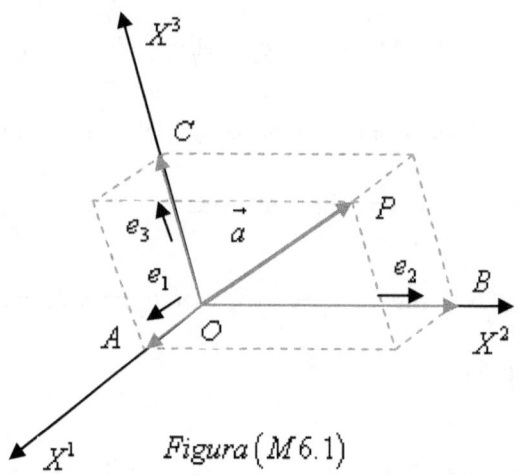

Figura $(M\,6.1)$

Se x^1, x^2, x^3 sono le coordinate del punto P nel riferimento $\{O, e_i\}$ allora il vettore $\vec{a}$ si potrà esprimere nel modo seguente:

$$(M6.6) \qquad \vec{a} = x^i e_i = x^1 e_1 + x^2 e_2 + x^3 e_3$$

Volendo definire il prodotto scalare in termini delle componenti controvarianti si considerino due vettori $\vec{a}$ e $\vec{b}$ e una base $\{e_i\}$ e si ponga:

$$(M6.7) \qquad g_{ij} = e_i \cdot e_j \qquad \forall i, j \in \{1, 2, 3, \dots, n\}$$

Se a^i e b^j sono le componenti controvarianti dei vettori $\vec{a}$ e $\vec{b}$ nella base $\{e_i\}$, è possibile scrivere la seguente equazione:

$$(M6.8) \qquad \vec{a} \cdot \vec{b} = g_{ij} a^i b^j$$

216

che esprime il *prodotto scalare di vettori* in funzione delle componenti controvarianti.

Si osservi che la matrice g_{ij} è regolare in quanto risulta $\det\left|g_{ij}\right| \neq 0$

Si definisce *norma o quadrato* di un vettore $\vec{a}$ e si indica con $\left\|\vec{a}\right\|$ o

a^2 il prodotto scalare del vettore $\vec{a}$ con se stesso: $\vec{a} \cdot \vec{a} = a^2$

Si definiscono *componenti covarianti* di un vettore $\vec{a}$ in una base $\{e_i\}$ i prodotti $a_i = \vec{a} \cdot e_i$

Si può dimostrare che, assegnata una base dello spazio vettoriale, esiste uno ed uno solo di vettori avente, per componenti covarianti in questa base, un'assegnata terna di numeri reali. Infatti, è sufficiente fare vedere che essendo la matrice g_{ij} regolare allora l'applicazione che alla terna $\left(a^1, a^2, a^3\right)$ associa la terna $\left(a_1, a_2, a_3\right)$ è un'applicazione biunivoca e si può scrivere:

$$a_i = a^j g_{ij}$$

$(M6.9)$

$$a^i = a_j g^{ij}$$

in cui è g^{ij} inversa di g_{ij}

Le *componenti covarianti* di un vettore si trasformano come le basi *(legge di covarianza):* infatti, se $\{b_k\}$ è un'altra base si ha:

$$a_k = \vec{a} \cdot b_k = \vec{a} \cdot A_k^i e_i \Rightarrow a_k = A_k^i \vec{a} \cdot e_i \Rightarrow$$

$(M6.10)$

$$a_k = A_k^i a_i$$

da cui risulta giustificato anche l'appellativo di *covariante*

217

Dalle equazioni (M6.9) scende che ogni relazione tra vettori si può esprimere in funzione delle solo componenti controvarianti, delle solo componenti covarianti o in forma mista. Per esempio il prodotto scalare di due vettori $\vec{a}$ e $\vec{b}$ e, in particolare, la norma di un vettore $\vec{a}$:

$$(M6.11) \quad \begin{cases} \vec{a} \cdot \vec{b} = a^i b^j g_{ij} = a^i b_j = a_i b_j g^{ij} \\ \left\| \vec{a} \right\| = a^i a^j g_{ij} = a^i a_j = a_i a_j g^{ij} \end{cases}$$

Le componenti covarianti di un vettore $\vec{a}$ nella base $\{e_i\}$ si dicono anche *componenti covarianti* di $\vec{a}$ sugli assi di ogni riferimento $\{O, e_i\}$ associato alla base $\{e_i\}$. Per rappresentare queste componenti si consideri uno spazio tridimensionale e il vettore $\vec{a}$ giacente sul piano $X^1 X^2$ *(vedi la figura (M6.2))*.

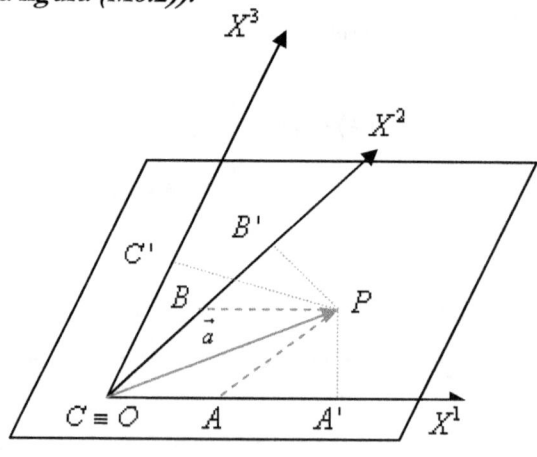

Figura $(M6.2)$

Scegliendo sull'asse X^i per $\forall i$ come unità di misura un segmento avente la lunghezza di e_i, la iesima componente covariante del vettore

$\vec{a}$ coincide con l'iesima coordinata, nel riferimento $\{O,e_i\}$, della proiezione ortogonale del punto P sull'asse X^i.

Le componenti controvarianti di un vettore coincidono con le componenti covarianti se e solo se i vettori che costituiscono la base sono a due a due ortogonali.

Un insieme di vettori $\left\{\vec{a}_1,\vec{a}_2,\ldots\ldots\ldots\ldots,\vec{a}_n\right\}$ si dice *ortonormale* se risulta:

$$(M6.12) \quad \vec{a}_i \cdot \vec{a}_j = \delta_{ij} = \begin{cases} 1 & i = j \\ 0 & i \neq j \end{cases}$$

da cui segue che i vettori sono a due a due ortogonali.

Si può dimostrare che i vettori di un insieme ortonormale sono linearmente indipendenti. Si osservi che se una base $\{e_i\}$ è ortonormale le componenti controvarianti e covarianti del generico vettore $\vec{a}$ coincidono tra loro e con le coordinate omonime del punto P, estremo del vettore $\vec{a}$, nel riferimento $\{O,e_i\}$ che, in tal caso, risulta monometrico ortogonale. Viceversa, solo se i vettori di una base $\{e_i\}$ sono a due a due ortogonali le componenti controvarianti e le componenti covarianti di uno stesso vettore $\vec{a}$ coincidono tra loro e con le coordinate del punto P, estremo del vettore $\vec{a}$, nel riferimento $\{O,e_i\}$. Inoltre solo se i vettori e_i sono uguali in modulo, il riferimento $\{O,e_i\}$ è anche monometrico, purché si scelga l'unità di misura delle distanze: $\bar{u} = e_1 = e_2 \ldots$ Per quanto riguarda i simboli di rappresentazione delle componenti, stante la coincidenza, è indifferente usare a_i o a^i o a_{x_i}. Inoltre, si osservi che i vettori unitari costituenti una base ortonormale sono anche versori.

M7. SPAZIO VETTORIALE DUALE

Sia data una funzione lineare φ definita su uno spazio vettoriale V tale che sia:

$$(M7.1) \quad \begin{cases} \varphi\left(\vec{u}+\vec{v}\right) = \varphi\left(\vec{u}\right) + \varphi\left(\vec{v}\right) \\ \varphi\left(a\vec{u}\right) = a\varphi\left(\vec{u}\right) \quad (a = \text{scalare}) \end{cases}$$

Si definisce *spazio vettoriale duale* di V e si indica con la notazione: V^*, lo spazio costituito dall'insieme di tutte le funzioni lineari che soddisfano le relazioni (M7.1)

Si può dimostrare che lo spazio coì definito è anch'esso uno spazio vettoriale di dimensione pari alle dimensioni di V .

Se φ_1, φ_2 e φ sono due funzioni lineari , la somma $\varphi_1 + \varphi_2$ ed il prodotto $a\varphi$ sono le applicazioni ψ e ϕ per modo che risulti:

$$(M7.2) \quad \begin{cases} \psi\left(\vec{u}\right) = \varphi_1\left(\vec{u}\right) + \varphi_2\left(\vec{u}\right) \\ \phi\left(\vec{u}\right) = a\varphi\left(\vec{u}\right) \end{cases} \quad \left(\forall \vec{u} \in V\right)$$

esse appartengono allo spazio di V^*. Infatti risulta:

$$(M7.3)\begin{cases} \psi\left(\vec{u}+\vec{v}\right) = \varphi_1\left(\vec{u}+\vec{v}\right) + \varphi_2\left(\vec{u}+\vec{v}\right) = \left[\varphi_1\left(\vec{u}\right) + \varphi_2\left(\vec{u}\right)\right] + \\ \quad + \left[\varphi_1\left(\vec{v}\right) + \varphi_2\left(\vec{v}\right)\right] = \psi\left(\vec{u}\right) + \psi\left(\vec{v}\right) \\ \\ \psi\left(\vec{u}\right) = \varphi_1\left(a\vec{u}\right) + \varphi_2\left(a\vec{u}\right) = a\left[\varphi_1\left(\vec{u}\right) + \varphi_2\left(\vec{u}\right)\right] = a\psi\left(\vec{u}\right) \end{cases}$$

dove si vede che la ψ è lineare. In modo analogo si dimostra che anche ϕ è lineare.

Assumendo come forma nulla e come forma opposta di ψ rispettivamente le applicazioni:

$$(M7.4) \qquad \begin{cases} \Omega\left(\vec{u}\right) = 0 \\ \psi'\left(\vec{u}\right) = -\ \psi'\left(\vec{u}\right) \end{cases} \qquad \left(\forall \vec{u} \in V\right)$$

sono soddisfatte le (M7.1) e V^* *ha la struttura di uno spazio vettoriale.*

Una forma lineare φ su uno spazio V_n è univocamente determinata dai valori che associa a n vettori indipendenti.

Sia $\{e_i\}$ una base di V_n e siano:

$$(M7.5) \qquad \varphi_i = \varphi(e_i) \qquad \{i = 1, 2, 3, \ldots\ldots, n\}$$

i valori che la forma associa ai vettori di base. Dette u^i le componenti controvarianti nella base $\{e_i\}$ del generico vettore $\vec{u} = u^i e_i$, tenendo conto della (M7.1) , si ha:

$$(M7.6) \qquad \varphi\left(\vec{u}\right) = \varphi\left(u^i e_i\right) = u^i \varphi(e_i) = u^i \varphi_i$$

Uno spazio vettoriale e il proprio duale hanno la stessa dimensione.

Si considerino le n forme lineari $\tilde{e}^i$ definite ponendo che sia:

$$(M7.7) \quad \tilde{e}^i\left(e_j\right) = \delta_j^i = \begin{cases} 1 & \text{per } i = j \\ 0 & \text{per } i \neq J \end{cases} \quad \forall i, j \in \{1, 2, \ldots\ldots, n\}$$

Qualunque sia la forma appartenente a V^* si ha:

$$(M7.8) \quad \varphi = \varphi_i \tilde{e}^i$$

si verifica che per $\forall \tilde{e}_j \in \{e_i\}$ la forma al secondo membro della (M7.8) dà: $\varphi_i \tilde{e}^i\left(e_j\right) = \varphi_i \delta_j^i = \varphi_i$ e ciò significa che le n forme $\tilde{e}^i$ costituiscono una base per lo spazio vettoriale V^*.

Si dice **duale di una base** $\{e_i\}$ di V_n **la base** $\{\tilde{e}^i\}$ di V^* definita dall'equazione (M7.7).

Si osservi che le componenti di una forma φ, nella base duale di $\{e_i\}$, sono i valori φ_i che φ associa ai vettori di $\{e_i\}$.

Le componenti dei vettori di V^* sono covarianti con le basi di V .

Le formule di trasformazioni delle basi e delle componenti sono:

$$(M7.9) \begin{cases} e_i = A_i^j e_j \Leftrightarrow e_j = A_j^i e_i \\ u^i = A_j^i u^j \Leftrightarrow u^J = A_i^j u^i \end{cases}$$

Si osservi che è: $\vec{u} = u^i e_i = u^j e_j$ segue :

$$\varphi\left(\vec{u}\right) = \varphi\left(u^i e_i\right) = \varphi\left(u^j e_j\right) \Rightarrow$$

$$(M7.10)$$

$$\varphi_i u^i = \varphi_j u^j$$

in cui tenendo conto delle equazioni (M7.9), si ottiene:

$$\varphi_i u^i = \varphi_j u^j \Leftrightarrow \varphi_i u^i{}_i = \varphi_j A_i^j u^i \Rightarrow$$

$$(M7.11)$$

$$\left(\varphi_i - \varphi_j A_i^j\right) u^i = 0 \Leftrightarrow \varphi_i = \varphi_j A_i^j \Leftrightarrow \varphi_j = \varphi_i A_j^i$$

Il confronto di questa equazione con l'equazione (M7.9) prova l'asserto.

M.8 I TENSORI

Siano V_n, V'_m, V''_{nm} tre spazi vettoriali reali di dimensioni finite, lo spazio vettoriale V''_{nm} si dice **prodotto tensoriale** degli spazi vettoriali V_n e V'_m e si indica con $V_n \otimes V'_m$, se esiste un'applicazione bilineare T di $V_n \times V'_m$ in V''_{nm} tale che qualunque siano le basi $\{e_i\}$ di V_n e $\{\omega_j\}$ di V'_m i vettori $T\left(e_i, \omega_j\right)$ formano una base di V''_{nm} .

Il vettore $\left(\vec{u}, \vec{v}\right) \in V_n \times V'_m$ si dice prodotto tensoriale di $\vec{u}$ per $\vec{v}$ e si indica con il simbolo $\vec{u} \otimes \vec{v}$ che si legge $\vec{u}$ tensoriale $\vec{v}$.

Se $\{\varepsilon_{ij}\}$ è una base di V''_{nm} , $\{e_i\}$ e $\{\omega_j\}$ rispettivamente una base di V_n e V'_m , si ha:

$$(M8.1) \qquad \varepsilon_{ij} = e_i \otimes \omega_j$$

e il prodotto tensoriale $\vec{u} \otimes \vec{v}$ ha per componenti i prodotti $u^i v^j$ delle componenti dei fattori. Infatti per la proprietà di bilinearità si ha:

$$\vec{u} \otimes \vec{v} = u^i e_i \otimes v^j \omega_j = u^i v^j e_i \otimes \omega_j = u^i v^j \varepsilon_{ij}$$

I vettori di $V_n \otimes V'_m$ si dicono tensori costruiti sugli spazi di V_n e V'_m

La moltiplicazione tra spazi vettoriali si può estendere al caso di più spazi per modo che il prodotto tensoriale risulti associativo.

Si dicono **tensori affini,** associati ad uno spazio vettoriale V_n, **gli elementi degli spazi prodotto tensoriale** i cui fattori coincidono con V_n o con il suo duale $\tilde{V}_n$. Siano poste le seguenti relazioni:

$$(M8.2) \begin{cases} V_n^{(2)} = V_n \otimes V_n & ; & V_n^{(m)} = V_n^{(m-1)} \otimes V_n \\ \tilde{V}_n^{(2)} = \tilde{V}_n \otimes \tilde{V}_n & ; & \tilde{V}_n^{(m)} = \tilde{V}_n^{(m-1)} \otimes \tilde{V}_n \end{cases}$$

i **tensori affini** sono elementi degli spazi del tipo seguente:

$$(M8.3) \qquad V_n^{(r_1)} \otimes \tilde{V}_n^{(s_1)} \otimes V_n^{(r_2)} \otimes \tilde{V}_n^{(s_2)} \dots\dots\dots\dots V_n^{(r_p)} \otimes \tilde{V}_n^{(s_q)}$$

in cui se $r = r_1 + r_2 + \dots\dots\dots + r_p$ e $s = s_1 + s_2 + \dots\dots\dots + s_q$ allora $s + r$ si dirà **rango** o **ordine** del tensore.

I tensori affini si dicono:
- di ordine $2, 3, \dots\dots, k$ o anche: *tensori doppi, tripli, \dots\dots, k-pli*
- controvarianti se è $r \neq 0$ e $s = 0$
- covarianti se è $r = 0$ e $s \neq 0$

- r volte controvarianti e s volte covarianti se è $r \neq 0$ e $s \neq 0$

Siano $\{e_i\}$ una base di V_n, $\{\tilde{e}^j\}$ una base del suo duale V_n^* e $\{e_i \otimes \tilde{e}^j\}$ la base nello spazio $V_n \otimes V_n^*$, le componenti del generico tensore T nella base $\{e_i \otimes \tilde{e}^j\}$ sono indicate come: T_j^i per modo che si scriva:

$$(M8.4) \qquad T = T_j^i e_i \otimes \tilde{e}^j$$

in cui l'indice superiore si dice **indice di controvarianza**, l'indice inferiore si dice **indice di covarianza** e T_j^i componenti di T nella base $\{e_i\}$.

Per vedere come si trasformano le componenti di un tensore affine si consideri il tensore espresso dall'equazione $(M8.4)$ nella base $\{\omega_r\}$:

$$(M8.5) \qquad T = T_s^r \omega_r \otimes \tilde{\omega}^s$$

Dalla legge di trasformazione delle basi si ha:

$$\omega_r = A_r^i e_i \quad ; \quad \tilde{\omega}^s = A_j^s \tilde{e}^j$$

Utilizzando queste equazioni nell'equazione (M8.5) si ottiene la seguente equazione:

$$(M8.6) \qquad T = T_s^r A_r^i e_i \otimes A_j^s \tilde{e}^j = A_r^i A_j^s T_s^r e_i \otimes \tilde{e}^j$$

Confrontando questa equazione con l'equazione (M8.4) si ottiene l'equazione:

$$T = T_j^i e_i \otimes \tilde{e}^j = A_r^i A_j^s T_s^r e_i \otimes \tilde{e}^j \Rightarrow$$
$$(M8.7) \quad T_j^i = A_r^i A_j^s T_s^r$$

in cui scambiando il ruolo delle basi seguono le formule inverse

$$(M8.8) \quad T_s^r = A_i^r A_s^j T_j^i$$

Le equazioni (M8.7) e (M8.8) sono le formule di trasformazione dei tensori di $V_n \otimes V_n^*$.

Eseguendo un analogo procedimento si trovano anche le formule di trasformazioni per le componenti covarianti e controvarianti:

$$(M8.9) \quad T_{ij} = A_i^r A_j^s T_{rs} \quad ; \quad T_{rs} = A_r^i A_s^j T_{ij}$$

$$(M8.10) \quad T^{ij} = A_r^i A_s^j T^{rs} \quad ; \quad T^{rs} = A_i^r A_j^s T^{ij}$$

Si dice **saturazione** o **contrazione** di due indici di varianza diversa l'operazione che consiste nell'uguagliare e sommare rispetto all'indice ottenuto.

La saturazione di due indici abbassa l'ordine del tensore di due unità (legge di saturazione).

Si dice **composizione contratta** di due tensori l'operazione che consiste nel moltiplicare prima i due tensori e saturare poi due o più indici.

Un **tensore doppio covariante** T si dice **simmetrico** se in ogni base è:

$$(M8.11) \quad T_{ij} = T_{ji}$$

Un **tensore doppio covariante** T si dice **antisimmetrico** se in ogni base è:

$$(M8.12) \quad T_{ij} = -T_{ji}$$

Definizioni analoghe si danno anche per i tensori contravarianti.

Un **tensore doppio covariante (controvariante)** T è univocamente decomponibile nella somma di un tensore simmetrico S e di un tensore antisimmetrico A e risulta:

$$(M8.13)\begin{cases} S_{ij} = \dfrac{1}{2}\left(T_{ij} + T_{ji}\right) & ; \qquad A_{ij} = \dfrac{1}{2}\left(A_{ij} - A_{ji}\right) \\[3mm] S^{ij} = \dfrac{1}{2}\left(T^{ij} + T^{ji}\right) & ; \qquad A^{ij} = \dfrac{1}{2}\left(A^{ij} - A^{ji}\right) \end{cases}$$

Il concetto di simmetria si estende a tensori di ordine superiore e si può riferire ad una parte o a tutti gli indici.

M9. CURVATURA DI UNO SPAZIO

Considerando una linea curva contenuta in un piano, la sua curvatura si può, intuitivamente, guardarla *(vedi la figura (M9.1))* come deviazione da una retta tangente in un punto, da ciò segue che la curvatura è una **proprietà locale**.

Siano τ e τ' due tangenti ad una curva Γ nei punti A e B e si indichi con φ l'angolo che esse formano *(vedi la figura (M9.1))*.

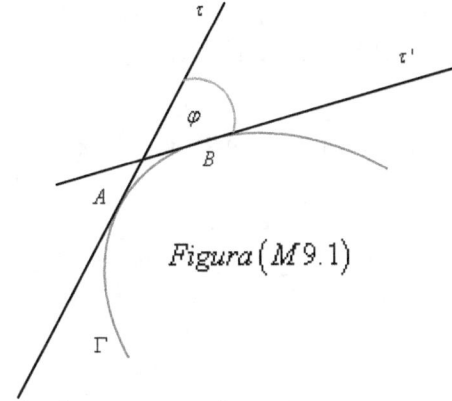

Figura $(M9.1)$

Nell'ipotesi che la curva non interseca se stessa ed ha una tangente definita in ogni suo punto, l'angolo φ si dirà **angolo di contingenza**.

Di due archi di pari lunghezza, quello più incurvato è l'arco avente l'angolo di contingenza maggiore; per contro se si considerano archi di lunghezza diversa non si può determinare quale degli archi considerati abbia curvatura maggiore basandosi solo sull'angolo di contingenza.

Quindi per caratterizzare la curvatura di una linea curva si può utilizzare il rapporto tra l'angolo di contingenza ed il corrispondente arco.

Si definisce *curvatura media dell'arco* $\overgroup{AB}$ il rapporto:

$$(M9.1) \qquad k_m = \frac{\varphi}{\overgroup{AB}}$$

che fornisce informazioni sulla curvatura di una linea curva relativamente ad un arco di essa. Se si vogliono informazioni più dettagliate si può introdurre il concetto di *curvatura puntuale*.

Si definisce curvatura nel punto A il limite a cui tende la curvatura media quando il punto B tende al punto A:

$$(M9.2) \qquad k_A = \lim_{B \to A} \frac{\varphi}{\overgroup{AB}}$$

Come esempio si calcoli la curvatura di una circonferenza Γ di raggio R

Siano τ e τ' le rette tangenti alla circonferenza Γ nei punti A e B *(vedi la figura (M9.2));* la curvatura media è:

$$k_m = \frac{\varphi}{\overgroup{AB}} \quad \text{e poiché è:} \quad \overgroup{AB} = R\varphi \quad \text{si ottiene:} \quad k_m = \frac{\varphi}{R\varphi} = \frac{1}{R}$$

Figura $(M9.2)$

Si deduce che la curvatura media e la curvatura nel punto A coincidono; quindi la curvatura media di un arco di circonferenza non dipende né dalla forma, né dalla posizione, né dalla lunghezza dell'arco

AB , essa è uguale per tutti gli archi alla quantità $\dfrac{1}{R}$; consegue che:

la circonferenza è una curva a curvatura costante il cui valore è dato dall'inverso del suo raggio.

Non sempre risulta semplice calcolare la curvatura puntuale attraverso l'equazione (M9.2). Quest'operazione risulta semplificata se si introduce il concetto di *cerchio osculatore* che consente di costruire una circonferenza tangente al punto P , rispetto al quale si calcola la curvatura, e passante per gli estremi $\overgroup{AB}$ dell'arco di curva considerato *(vedi la figura (M9.3))*.

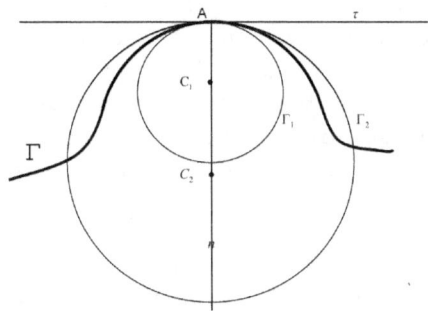

$$Figura\left(M9.3\right)$$

Dunque se si conosce il raggio R di questa circonferenza, si può riutilizzare la formula $k = 1 / R$ visto prima.

Si consideri una linea curva Γ e sia τ la retta tangente nel punto A *(vedi la figura (M9.4))*. Si considerino inoltre tutte le circonferenze tangenti alla retta τ nel punto A , aventi il loro centro sulla normale principale n al punto A , dalla parte del centro di curvatura.

$$Figura\left(M9.4\right)$$

Alcune di queste circonferenze non contengono alcun punto di Γ nel loro interno come la circonferenza Γ_1; altre, come la circonferenza Γ_2, contengono tutto un arco di curva sia da una parte che dall'altra. Tutte le circonferenze di raggio minore di quello di Γ_1 godono della stessa proprietà della circonferenza Γ_1; tutte le circonferenze di raggio maggiore di quello di Γ_2 godono della stessa proprietà della circonferenza Γ_2. Quindi è possibile determinare sulla normale principale n un punto C tale che, tutte le circonferenze tangenti in A alla retta τ aventi il centro in punti interni al segmento AC sono del tipo Γ_1 e tutte quelle aventi il centro in punti esterni al segmento AC sono del tipo Γ_2.

Si definisce cerchio osculatore la circonferenza tangente alla traiettoria in A di centro C

Il centro C si dice centro di curvatura della traiettoria

Il raggio del cerchio osculatore si dice raggio di curvatura della linea curva

Il cerchio osculatore può variare in grandezza lungo la linea curva e quindi la curvatura varia con il punto lungo Γ. Si osservi anche che la tangente a Γ in A è anche la tangente in A al cerchio osculatore. Inoltre i cerchi osculatori nei vari punti della curva possono trovarsi da parti opposte rispetto alla curva. Allora, è possibile ridefinire la curvatura in modo che sia ***positiva*** su un lato e ***negativa*** sull'altro e ciò dipende dalla parametrizzazione della curva, ossia dal verso in cui la linea curva viene percorsa. Se accade che per due punti A e B sulla linea curva risulta $k(A) > 0$ e $k(B) < 0$ allora esiste un punto P compreso tra A e B nel quale la curvatura è nulla. Il punto P si dice punto di inflessione ed in tale punto il cerchio osculatore degenera in una retta, che è la tangente in P a Γ.

Ora si consideri una superficie Σ e sia P un suo punto. Indichiamo con n la normale a Σ in P, cioè la retta perpendicolare in P al piano tangente τ_p in P. Si consideri un piano π che contenga n; esso interseca la superficie in una curva piana vedi la *figura(M9.5)*.

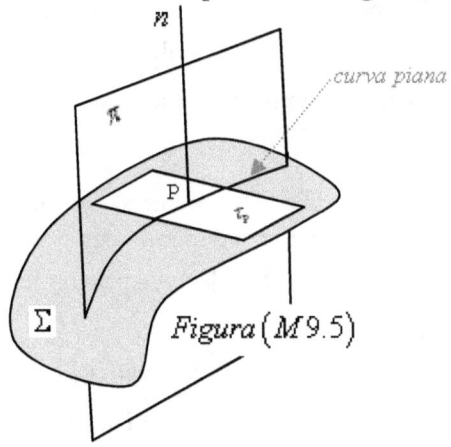

Figura $(M9.5)$

La rotazione del piano π intorno alla normale n genera diverse sezioni di linee curve, tutte passanti per P e situate su piani diversi e delle quali è possibile calcolare la curvatura nel punto P. In generale, queste curvature variano al variare della sezione. Se la superficie è sferica, esse sono tutte eguali ad $1/r$, se r è il raggio della sfera, poiché le sezioni normali sono tutte cerchi massimi. Queste curvature assumono un valore minimo $k_{min}(P)$ e un valore massimo $k_{max}(P)$ e le corrispondenti *sezioni normali* si trovano su piani perpendicolari e sono dette curve principali della superficie nel punto P.

Si dice *curvatura gaussiana* K nel punto P la quantità espressa dall'equazione seguente:

$$(M9.3) \qquad K = k_{min}(P) \cdot k_{max}(P)$$

dalla quale segue che la curvatura varia al variare del punto P. Se K è costante, si ottengono tre geometrie a seconda che K sia negativa, positiva o nulla, e sono rispettivamente la geometria della *pseudosfera (iperbolica)*, la geometria della *sfera (ellittica)* e la geometria del *piano (euclidea).* Si osservi che Gauss dimostrò che la funzione K non cambia se la superficie è sottoposta a cambiamenti che lasciano invariate le lunghezze e gli angoli di tutte le curve sulla superficie. Quindi K descrive la geometria intrinseca e non dipende dalla posizione della superficie nello spazio, ovvero le due curvature principali $k_{min}(P)$ e $k_{max}(P)$ cambiano, mentre il loro prodotto non cambia *(teorema egregium).* Gauss determinò K senza alcun riferimento allo spazio ambiente.

Si consideri una superficie Σ immersa in uno spazio euclideo tridimensionale in cui è definito un sistema di assi cartesiani ortogonali (O,X,Y,Z). Le equazioni di questa superficie sono :

$$(M9.4) \quad \begin{cases} x = x(u,v) \\ y = y(u,v) \\ z = z(u,v) \end{cases}$$

dove i parametri u e v possono assumere valori entro un dominio prefissato.
Al variare di u e v vengono individuati nello spazio infiniti punti di coordinate (x,y,z), questi punti formano la superficie in esame come indicato nel grafico della figura (M9.6):

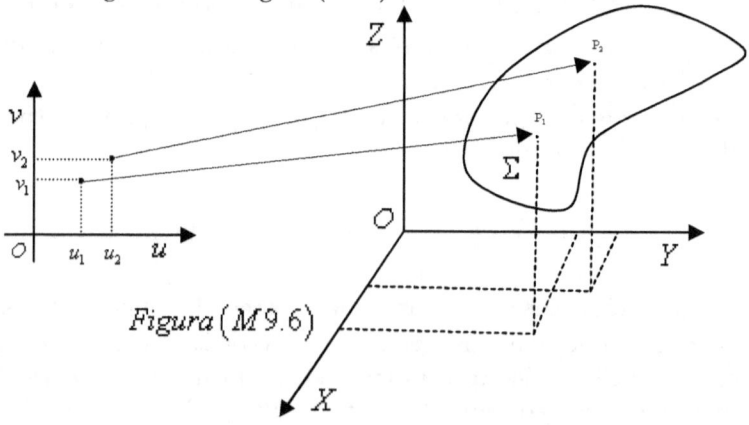

Figura $(M9.6)$

Poiché le coordinate dei punti della superficie sono espresse in termini di due parametri u e v le equazioni (M9.4) si dicono equazioni parametriche della superficie. Si osservi che una superficie ha infinite equazioni parametriche.

Una superficie piana ha una semplice rappresentazione parametrica.

$$(M9.5) \quad \begin{cases} x = au + bv + c \\ y = a'u + b'v + c' \\ z = a''u + b''v + c'' \end{cases}$$

Una semisfera di raggio r centrata nell'origine del sistema di coordinate ha la seguente rappresentazione parametrica:

$$(M9.6) \quad \begin{cases} x = u \\ y = v \\ z = \sqrt{r^2 - u^2 - v^2} \end{cases}$$

Da quanto detto segue banalmente che l'uso di sistemi di coordinate in uno spazio euclideo è un'operazione molto semplice, diversamente in uno spazio curvo è un'operazione molto complicata. Per definire un sistema di coordinate in uno spazio curvo è necessario fare uso di coordinate curvilinee. A tal fine, si supponga che uno dei parametri nelle equazioni (M9.4) assuma un valore costante, per esempio: $u = a$ e ciò consente di ottenere una linea curva sulla superficie come si vede nella figura (M9.7)

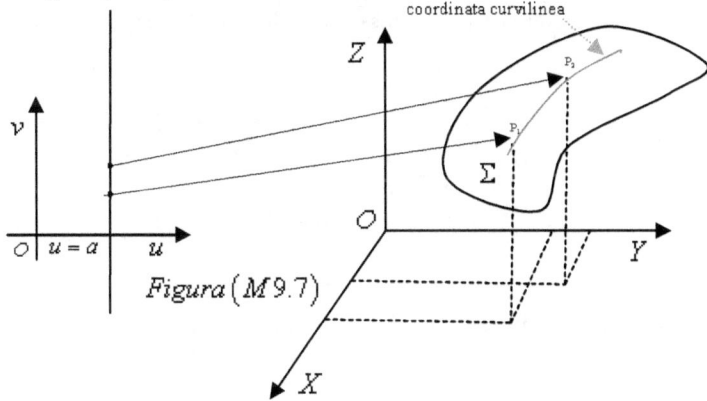

Figura (M9.7)

Si dirà *coordinata curvilinea* $u = a$ la linea tracciata sulla superficie in corrispondenza del parametro $u = a$.

Analogamente per il parametro v, si assegna un valore costante $v = b$ e si ottiene una linea curva sulla superficie che si dirà *coordinata curvilinea* in corrispondenza del parametro $v = b$

Il punto P, come indicato nella figura (M9.8), corrisponde ai valori dei parametri $u = a$ e $v = b$.

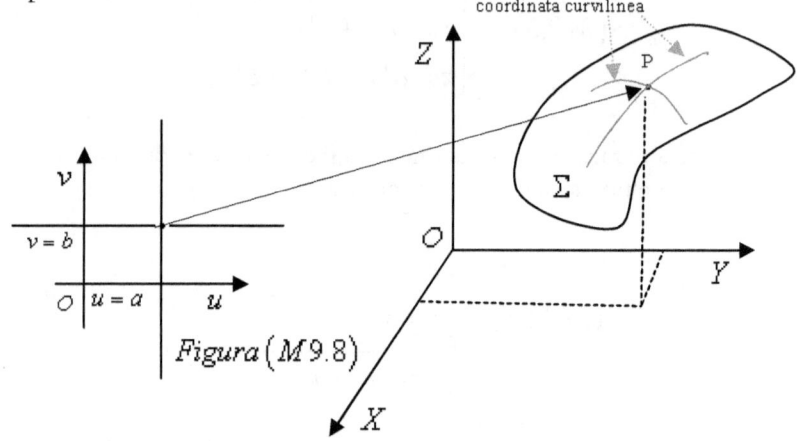

Figura $(M9.8)$

In presenza di uno spazio curvo il problema fondamentale da risolvere è quello di scrivere l'equazione della metrica. Si supponga che la superficie considerata sia ancora bidimensionale, volendo definire la sua metrica si deve calcolare la distanza tra due punti P e Q seguendo la sua curvatura. Così facendo si faccia l'ipotesi che i due punti siano molto vicino tra loro per modo che il segmento che ha per estremi i punti P e Q differisca di pochissimo dall'arco di curva $\overset{\frown}{PQ}$ (vedi la figura (M9.9).

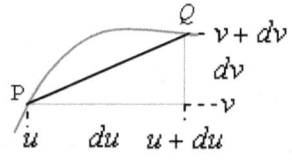

Figura $(M9.9)$

Per meglio comprendere ciò che si sta facendo si può fare un riferimento alla vita dell'uomo sulla Terra. Infatti se si vuole misurare la distanza tra due punti che non siano molto distanti tra loro, la metrica euclidea risolve il problema e la distanza tra i due punti si calcola applicando il teorema di Pitagora. Diversamente, se i due punti sono molto distanti tra loro bisogna tenere conto della curvatura della Terra ed il teorema di Pitagora cade in difetto insieme a tutta le geometria euclidea. Usando il teorema di Pitagora per scrivere la metrica in termini delle coordinate (x, y, z) per l'arco $\overarc{PQ}$ si ha:

$$(M9.7) \qquad ds^2 = dx^2 + dy^2 + dz^2$$

Ovviamente la lunghezza di questo segmento è più piccola della lunghezza dell'arco $\overarc{PQ}$, ma la loro differenza diventa sempre più piccola quanto più vicini sono i due punti. Ad ogni modo questa espressione non fornisce alcuna informazione circa la curvatura della superficie e le sue coordinate curvilinee. Si deve esprimere ds^2 in funzione dei parametri u e v, così facendo si costruisce una metrica sulla superficie che tiene conto della sua curvatura e l'uso dello spazio euclideo tridimensionale che contiene la superficie non è più necessario, si ottiene una trattazione matematica della superficie in cui restano solo le coordinate curvilinee intrinseche alla stessa superficie. Operando in tal senso si scrivano i differenziali delle equazioni (M9.4):

$$(M9.8) \quad \begin{cases} dx = \dfrac{\partial x}{\partial u} du + \dfrac{\partial x}{\partial v} dv \\[2mm] dy = \dfrac{\partial y}{\partial u} du + \dfrac{\partial y}{\partial v} dv \\[2mm] dz = \dfrac{\partial z}{\partial u} du + \dfrac{\partial z}{\partial v} dv \end{cases}$$

e si sostituiscano nell'equazione (M9.7):

$$ds^2 = \left[\left(\frac{\partial x}{\partial u} \right)^2 + \left(\frac{\partial y}{\partial u} \right)^2 + \left(\frac{\partial z}{\partial u} \right)^2 \right] du^2 + 2 \left[\frac{\partial x}{\partial u} \frac{\partial x}{\partial v} + \frac{\partial y}{\partial u} \frac{\partial y}{\partial v} + \frac{\partial z}{\partial u} \frac{\partial z}{\partial v} \right] dudv -$$

$$+ \left[\left(\frac{\partial x}{\partial v} \right)^2 + \left(\frac{\partial y}{\partial v} \right)^2 + \left(\frac{\partial z}{\partial v} \right)^2 \right] dv^2$$

in cui ponendo:

$$(M9.10) \begin{cases} g_{11} = \left(\dfrac{\partial x}{\partial u} \right)^2 + \left(\dfrac{\partial y}{\partial u} \right)^2 + \left(\dfrac{\partial z}{\partial u} \right)^2 \\[4mm] g_{12} = g_{21} = \dfrac{\partial x}{\partial u} \dfrac{\partial x}{\partial v} + \dfrac{\partial y}{\partial u} \dfrac{\partial y}{\partial v} + \dfrac{\partial z}{\partial u} \dfrac{\partial z}{\partial v} \quad ; \quad g_{ij} = \begin{pmatrix} g_{11} & g_{12} \\ g_{21} & g_{22} \end{pmatrix} \\[4mm] g_{22} = \left(\dfrac{\partial x}{\partial v} \right)^2 + \left(\dfrac{\partial y}{\partial v} \right)^2 + \left(\dfrac{\partial z}{\partial v} \right)^2 \end{cases}$$

Pertanto, l'equazione (M9.7) si può scrivere come:

$$(M9.11) \quad ds^2 = g_{11} du^2 + 2g_{12} dudv + g_{22} dv^2$$

che prende il nome di ***metrica di Riemann.***
Le grandezze g_{ij} costituiscono il ***tensore metrico fondamentale*** e contiene in sé tutte le informazioni sulla ***curvatura di una superficie.***

Questi risultati ottenuti per superficie bidimensionali possono essere estesi a spazi curvi di dimensione qualsiasi.